探秘世界系列
DISCOVER THE WORLD

梦幻宇宙之谜

主编／李瑞宏　　副主编／郭寄良

编著／高凡　陆源　绘／米家文化

浙江教育出版社·杭州

推 荐 序

随着人类文明的不断进步，现代的社会生活中到处都是科学技术的应用成果。人们的衣食住行，未来社会的发展，每一样都离不开科学技术的支撑。

我们乐观地期待着更加美好的未来，也看到未来事业的发展存在着新的、更多的挑战。少年儿童是未来的希望，毫无疑问，谁对他们的培养、教育取得了成功，谁就将赢得未来。

探知人自身以及外部世界的奥秘是人类文明的起点，也是少年儿童的天性。为了提高少年儿童的科学文化素质，适应他们课外阅读的需要，"探秘世界系列"丛书收录宇宙万物中玄奥的科学原理，探究人体内部精微组织与奇妙构造，揭秘动植物界鲜为人知的语言、情绪等行为，介绍最新奇的科技产品和科学技术，再现波澜壮阔的恐龙时代……包括梦幻宇宙、玄妙地球、奇趣动物、奇异植物、新奇科技、神奇人体、神秘恐龙7个主题，是一套全力为少年儿童打造的认识世界的科普读物。

本套丛书从科学的角度出发，以深入浅出的语言、神奇生动的画面将其中的奥秘娓娓道来，多角度地向少年儿童展示神奇世界的无穷奥秘，引领少年儿童进入一个生机勃勃、变幻无穷、具有无限魅力的科学世界，让他们在惊奇与感叹中完成一次次探索并发现世界奥秘的神奇之旅，让他们逐渐领悟其中的奥秘、感受探索与发现的无穷乐趣。

此外，本套丛书特别注重科学知识、人文素养及现代审美观的有机结合，3000多幅精美的图片立体呈现了科学的奥秘，书末的"脑力大激荡"充分检验孩子们的阅读能力，而精美的装帧设计，新颖有趣的版式，富有真善美相融合的内涵，使本套丛书变得更加生动、活泼、好看。希望本套丛书能够成为少年儿童亲近科学、热爱科学和学习科学必不可少的科普读物。

　　"芳林新叶催陈叶，流水前波让后波。"相信阅读"探秘世界系列"丛书的小读者们一定会从中获得更多的新感受、新见解。未来的社会主要是人才的竞争，未来的世界等着你们去创造，去发现，你们一定能成为未来社会的精英，成为推动世界科学技术发展的强劲后波。

中国自然科学博物馆协会理事长　　**徐善衍教授**
清华大学博士生导师

目录
Contents

探秘世界之旅
现在开启

宇宙也有尽头

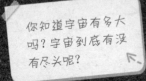

你知道宇宙有多大吗？宇宙到底有没有尽头呢？

宇宙很大很大

我们生活在美丽的地球上，而地球处于一个广阔无边的世界中，这个世界称为"宇宙"。对于广阔的宇宙，人们需要用光跑一年的距离，即光年（每秒30万千米）来计算天体之间的距离。

人类对宇宙的认识，最早是从地球开始的，再从地球扩展到太阳系，从太阳系扩展到银河系，从银河系扩展到河外星系、星系团、总星系。地球只是太阳系中一颗普通的行星。除了太阳外，太阳系的成员还包括地球在内的八大行星，几十颗像月亮一样的卫星，神秘莫测的彗星，数以千计的小行星，数不清的流星以及各种星际物质等。

在广袤的宇宙中，庞大的太阳系家族只不过像大海中的一滴水，在茫茫星海中只能算一个小小的家庭。比太阳系更大的是银河系，银河系的直径有10万光年。在银河系里，大大小小的恒星有1000多亿颗。

宇宙是如何产生的

宇宙的形成远远早于地球上生命的诞生。科学家们认为，起初宇宙很小，几乎只有不足原子核大小的一个点，称为"奇点"。不过，这个奇点的密度无限大，热量无限高，体积却无限小。

直到137亿年前，奇点容纳不下这些热量，发生了一次巨大的爆炸。爆炸发散出来的物质最终形成了宇宙。大爆炸后，宇宙空间不断膨胀，温度也相应下降。宇宙中所有的恒星、行星乃至生命，都是在这种不断膨胀冷却的过程中逐渐形成的。

更令人惊讶的是，现在宇宙仍在不停地膨胀着。

河外星系

银河系还不算最大的。目前，天文学家已经发现100多亿个与银河系同样庞大的恒星系统，并把它们称为"河外星系"。所有的河外星系和银河系构成了总星系。

总星系只是人类通过目前的设备可以观测到的部分。总星系在宇宙中也不过占了一个微不足道的角落。

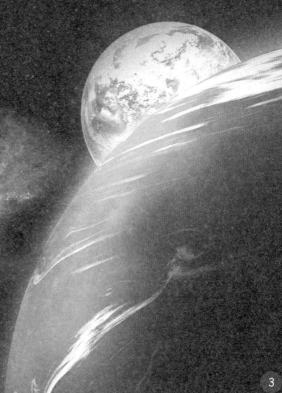

宇宙有形状吗

目前，人们还不知道宇宙的确切形状。人们大胆地想象和推测：宇宙呈扁平状，而且一直在不断地扩展。但是有些科学家认为，宇宙大爆炸后，光开始向四面八方传播，因此宇宙可能是球形的。还有些科学家认为，宇宙大约只有70亿光年那么宽，形状为五边形组成的十二面体。不过，近年来天文学家使用最先进的天文望远镜观测宇宙，发现后者的观点是错误的。

宇宙究竟是什么形状的？这还有待于人类进一步的探索和研究。

宇宙多少岁了

想要知道宇宙多少岁了，可不是件容易的事情。

科学家们通过各种方法来推算宇宙的年龄。有的通过计算宇宙膨胀速度来推算其年龄；有的借助白矮星来推算宇宙的年龄；有的尝试利用放射性物质来测算宇宙的年龄。利用这几种方法，科学家推测宇宙的年龄为120亿～150亿年。

你知道最先发现宇宙有尽头的人是谁吗？

我知道，是美国天文学家哈勃。

宇宙一片光明吗

夜晚的时候，我们一抬头，就能看到天上的星星向我们眨眼睛。宇宙中有无数的星星，那宇宙是否一片光明呢？

其实，宇宙一片黑暗。因为宇宙中存在着大量的暗物质和暗能量。这些暗物质和暗能量不会发光，也不与光发生任何作用，而且占宇宙总物质质量的90%以上。所以，宇宙很黑暗。

宇宙也有尽头

人们常说，宇宙无边无际。那宇宙真的没有边际吗？

其实，宇宙也有尽头。宇宙就像一个不断膨胀着的大气球，气球的周围布满了星系。因为宇宙膨胀的速度远远超过光传播的速度，所以人们看不到宇宙的尽头。但是尽管如此，宇宙还是有尽头的，最远处的星系就是宇宙的尽头。

不过，因为宇宙不停地在膨胀，所以宇宙的尽头并不固定，而是时刻变化着的。

强大的万有引力

宇宙中有不是球形的星球吗？为什么这些天体都呈球形呢？

呈球形的宇宙天体

透过天文望远镜，人们发现目前能观测到的宇宙中的一些天体都是呈球形的。地球、太阳、月亮、土星……都是呈球形的。人们从来没有发现呈三角形或菱形的星球。

为什么宇宙中的大多数天体呈球形呢？这可真是一个奇怪的现象。

万有引力真强大

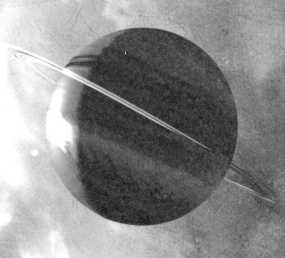

　　万有引力是指任何物体之间都有相互吸引力。质量越大，吸引力就越大；距离越近，吸引力也越大。万有引力支配着宇宙内各天体的运动方式。比如月球围绕着地球公转，就是因月球和地球之间的万有引力而导致的。

　　在宇宙中，地球只是一颗比较小的行星。但地球的引力足以使我们牢牢地站在地面上，不会飞向太空。既然地面上的所有物质都被地球的引力吸住，地面就很难"起角"了，山也不可以太高，因为地球的引力要把山峰的物质拉向地心。

　　其他天体也一样，万有引力均匀地分布在星球的各个方向，将天体拉扯成一个从中心到表面距离大致相等的球体。

　　依照上述理论，一个天体的质量越大，便越接近一个球。

万有引力定律的发现者

　　1687年，英国科学家牛顿发现了万有引力。任何物体之间都有相互吸引力，这个力的大小与各个物体的质量成正比例，而与它们之间的距离的平方成反比。万有引力的发现，是17世纪自然科学最伟大的成果之一。它第一次揭示了自然界中物体相互作用的基本规律，把地面上的物体运动的规律和天体运动的规律统一起来，对以后物理学和天文学的发展具有深远的影响，是人类认识自然过程中划时代的里程碑。

所有天体都呈球形吗

在宇宙中，并非所有的天体都是呈球形的。星云、小行星和卫星，这些都呈不太规则的形状。因为这些天体的质量很小，引力也相对较小，所以它们不一定呈球形。

宇宙中最小的天体

2009年12月16日，科学家利用哈勃望远镜观测发现柯伊伯小行星带可见光范围内最小的天体。这一天体的直径仅975米，距离地球67.6亿千米。而此前所观测的柯伊伯小行星带，最小的天体直径大约为48千米，是当前发现最小天体的50倍。

宇宙中最大的天体

宇宙中最大的天体是红超巨星，它的直径超过太阳直径的100至几千倍。太阳的直径约为140万千米，至少可以容纳110个地球。相比之下，红超巨星能够在自己的直径上容纳成千上万个地球，那该多么壮观啊！红超巨星真不愧为宇宙中最大的天体。

宇宙会消亡吗?

神奇的钻石星

　　钻石因其稀有而身价百倍。神奇的是,天文学家发现了一颗钻石星。据英国《每日邮报》2011年8月25日报道,英国科学家新近发现了一颗完全由钻石组成的小行星。这颗钻石星位于银河系的巨蛇星座,距离地球4000光年,大约是从地球到银河系中心距离的八分之一。

　　这颗行星环绕一颗中子星转动,不过公转的周期仅为2小时10分钟。因为它们之间的距离仅为60万千米。这颗小行星的密度远大于目前已知的任何一颗行星。密度的测量结果表明,这颗小行星的成分可能主要由碳和氧组成。由于密度超高,科学家认为,这颗行星主要由结晶体构成。这也意味着这个奇幻世界到处都是珍贵的钻石。

宇宙是有限的,它既有诞生的过程,也有消亡的过程。

分隔牛郎织女的银河

银河是天空中的一条
河吗？它是怎样的一
条河呢？

在晴朗的夜空，当你抬头仰望天空时，不仅能看到无数闪闪发光的星星，还能看到一条淡淡的纱巾似的光带跨越整个天空，好像天空中的一条大河。这条"大河"夏季呈南北方向，冬季接近于东西方向。那就是银河。

银河究竟是什么呢？直至望远镜发明以后，这个问题才得以正确地解答。17世纪初期，伟大的意大利科学家伽利略把望远镜对准了银河，惊喜地发现银河原来是由许许多多、密密麻麻的恒星聚集在一起而形成的。由于这些恒星距离我们太远，人的肉眼分辨不清，因此就把它们看成了一条明亮的光带。

银河位于天鹰座与天赤道的相交处。在北半球，它经过金牛、双子和猎户等星座，跨入天赤道的麒麟座，再往南经过南十字、天蝎、人马等星座。

大得惊人的银河系

银河系由许许多多的天体构成。人们看到的银河，其实只是银河系的一部分。

银河系是地球和太阳所在的恒星系统，是一个由1000多亿颗恒星、数千个星团和星云组成的扁盘状恒星系统，半径约为72000光年。我们生活的地球，我们能看到的太阳、月亮，都只是银河系的一小部分，就像大海里的一滴水。

银河系的形状

银河系中所有的物质都围绕着它的中心飞快地旋转。正是这种高速旋转的运动方式，使银河系变得像一个大铁饼或碟子，中间凸起，四周呈扁平状。

热闹的旋臂

银河系的核心向外伸出几条很长很长的旋臂。旋臂是由气体和尘埃物质混杂而成的。银河系由四条旋臂组成。太阳就位于其中一条叫"猎户臂"的旋臂上。旋臂是恒星世界盛衰变化的热闹场所，那里既有青春焕发、光芒四射的新星，也有老之将至、不断衰亡的老星。

银河系的组成

银河的中心，称为"银心"。凸起的地方是它的核球，是恒星密集的地方，称为"银核"。四周扁平的盘状区域，称为"银盘"。银盘的外圈，是由稀疏分布的恒星和星际物质组成的球状区域，称为"银晕"，使银河看上去像笼罩着一圈美丽的光晕。

牛郎织女鹊桥来相会

相传，很久很久以前，有个名叫织女的仙女偷偷下凡游玩，遇到了老实的牛郎，两人相爱了。织女悄悄嫁给了牛郎，生下了一对龙凤胎。王母娘娘知道这件事后，非常生气，将织女捉回了天上。牛郎带着两个孩子紧追不舍，眼看就要和织女团聚了。这时，王母娘娘拔下头上的银簪，在天空中划了一条河，把牛郎和织女分隔在了河的两边。这条河也就是我们所说的"银河"。

天上的喜鹊被他们的爱情感动了，搭起了"鹊桥"，让牛郎和织女团聚。王母娘娘被感动了，同意每年农历七月初七，让牛郎和织女在鹊桥相会。这一天也被称为"七夕节"。

银河的别称

某些国家的人把银河想象成仙女喂养婴儿时流出来的乳汁，所以把它叫做"乳汁河"。

芬兰人把银河叫做"小鸟的路"。因为候鸟在冬天往南方迁徙的时候，是靠银河来指引方向的。

你知道太阳离银河的中心有多远吗？

太阳距离银河的中心有2.3万光年的距离，太阳以每秒250千米的速度围绕着银河运转，2.5亿年才能转一圈。

宇宙中的岛屿——星系

星系是什么？是星星的家吗？

宇宙海洋中的岛屿

在茫茫的宇宙海洋中，千姿百态的"岛屿"星罗棋布，上面居住着无数颗恒星和各种天体。天文学家将这些"岛屿"称为星系。

星系相貌各异：有的像旋涡，称为旋涡星系；有的像圆宝石，称为椭圆星系；有的像甩着两根小辫的短棒，称为棒旋星系；有的长着"触角"，称为触角星系；还有的奇形怪状，称为不规则星系。

宇宙中有1000亿～11万亿个星系，它们稀疏地分布在宇宙空间中。宇宙海洋中的每个岛屿都是某个群岛中的一员。这些群岛，小一些的（包含几十个星系）叫星系群；大一些的（包含100个以上的星系）叫星系团。它们都归属于一个更大的太空集团——星系团集团，也叫超星系团。无数超星系团组成了辽阔无边的总星系。

美丽的旋涡星系

旋涡星系是已经观测到的数量最多、外形最美丽的一种星系。它的形状很像江河中的旋涡，由此而得名。

旋涡星系侧面看上去很像一块铁饼，中间凸起，四周扁平。从凸起的部分螺旋式地伸展出若干条狭长而明亮的光带——旋臂。在旋涡星系中，绝大多数恒星都集中在扁平的圆盘内，而在旋臂上集中了大量的星际物质、气体和疏散星团。

旋臂的形状像树木的年轮，这也成为星系的年龄标志。旋臂越松散，星系的年龄就越小。如果这类星系的旋臂中气体充足，不久的将来在这里会产生大批新的恒星。而在旋涡不明显的星系中，大部分气体已转化为恒星，且恒星的年龄都较大。

银河系、仙女座星系等，都是发育完整的旋涡星系，目前它们正处于生命力旺盛的中年时期。

"老人国"——椭圆星系

椭圆星系因它的形状呈圆形或椭圆形而得名。它是宇宙中的"老人国"。

科学观测表明，椭圆星系中没有气体，也找不到年轻的恒星。因为椭圆星系中的所有恒星是在过去遥远的年代里同时诞生的，这使得星系中的气体被一下子消耗殆尽。因此，在后来漫长的岁月里，这类星系内再也不能产生新的恒星。而一颗颗上了年纪的恒星都成为老寿星了。

许多椭圆星系都非常巨大。"室女座A"就是一个拥有2000亿颗恒星的椭圆星系。不过，宇宙中像这样巨大的椭圆星系毕竟不多，到处可见较小的椭圆星系，有些竟小到只包含几百万颗恒星。宇宙中最大的星系和最小的星系都属于椭圆星系。

"小人国"——不规则星系

如果说椭圆星系是太空中的"老人国"，那么不规则星系就是一个"小人国"。这种星系没有一定的形状，也没有明显的中心，所以称为不规则星系。

不规则星系中含有大量气体，年轻的恒星很多，有些还是刚刚问世的。不规则星系一般质量小，密度低，既小又暗，有些"先天不足"，所以它形成恒星的速度比较慢。和其他类型的星系相比，年老的恒星数量自然要少得多。一般的不规则星系多在大型星系附近。比如，大、小麦哲伦云就是银河系最近的邻居。

有人推测，不规则星系很可能是在大星系形成之后，由剩余的气体逐渐聚积、演变而成的。如果真是这样，那么大、小麦哲伦云就是银河系的近亲了。

长着触角的星系

触角星系是由两个正在碰撞的星系形成的。当两个星系碰撞时，其中某个星系中的巨大重力能将另一个星系"撕开"。当两个星系旋转在一起时，它们开始扭曲，旋臂上的恒星被抛离这两个星系，这些被抛出的恒星带延伸至比原来星系远得多的地方。

因为两个星系在碰撞、合并的过程中会形成细长如触角状的气体流，所以科学家称这类星系为触角星系。

我们居住的地球处于哪个星系中呢？

这个问题简单，当然是银河系。

太空云雾
——星云

星云是云吗？和我们看到的云一样吗？

　　星云是一种由星际空间的气体和尘埃组成的云雾状天体。星云中的物质密度很低，如果用地球上的标准来衡量，有些地方几乎就是真空。但星云的体积非常庞大，往往方圆几十光年。因此，一般的星云要比太阳还重得多。

星云与恒星的血缘关系

　　星云和恒星有着"血缘"关系。恒星抛射出的气体会成为星云的一部分，而星云物质在引力的作用下可能收缩成为恒星。在一定条件下，它们是可以互相转化的。

如：环状星云就是它的中心星"喷云吐雾"的结果；蟹状星云是超新星爆发时产生的"硝烟"；而猎户座大星云正在精心地哺育着一个"太阳"。

弥漫星云与行星状星云

星云的形状千姿百态。有的星云形状很不规则，呈弥漫状，没有明确的边界，叫做弥漫星云；有的星云像一个圆盘，淡淡地发光，很像一颗大行星，所以称为行星状星云。弥漫星云比行星状星云要大得多、暗得多，密度更小。

弥漫星云又有暗星云和亮星云之分。暗星云是一种不发光的星云，人们之所以还能看见它，是由于暗星云本身掩蔽了天空背景射来的星光。亮星云是一种发光的星云，它中央有一颗温度很高的恒星辐射出强烈的紫外线，星云吸收后再转换成可见光辐射而发光。

行星状星云是一种带有暗弱延伸视面的发光天体，通常呈圆盘状或环状。在它们的中央，都有一颗体积很小、温度很高的核心星。观测表明，行星状星云在不断膨胀之中，密度变得越来越小。现在已发现的行星状星云有1000多个。

厚得惊人的暗星云

比起亮星云来，暗星云内部的尘埃密度要大得多。正是这些浓密的尘埃遮住了星光，使这块天区看上去漆黑一团，使人很难把它和夜晚的天空背景区别开来。

其实，说它浓密，1立方米的空间里也只有1粒尘埃。按地球上的标准来说，这简直太稀薄了。但暗星云的厚度大得惊人，能达到几亿亿千米。就像树木虽稀疏但面积很大的森林一样，是足以挡住背后的星光的。

浓密的暗星云是恒星生长的肥沃"土壤"。星云内部某处的气体和尘埃密集到一定程度，就可能很快地收缩，形成恒星。

青春焕发的猎户座星云

向猎户座望去，在"猎户"的"剑"上有一朦胧可见的星斑，这就是猎户座星云。它是一个气体弥漫的星云，直径约为25光年。在星云中心区，有4颗诞生不过数十万年的新恒星，它们排成不等边的四边形。正是这4颗明星照亮了这个美丽的星云。

猎户座星云是一个巨大的暗星云中的一部分，这里不断诞生着新星球，许多恒星都诞生不久，内部的4颗明星就是它自己培育的。在猎户星云背后的暗星云中，有两个奇妙的天体，一个叫KL，一个叫BN。前者是一个激烈地收缩着的天体，肉眼看去漆黑一团，却辐射着强烈的红外线，这是个恒星的胚胎；后者则是一个刚刚露出一丝光芒的"太阳"。

第一个发现星云的人是谁？

我知道，是英国一位名叫比维斯的天文学爱好者。

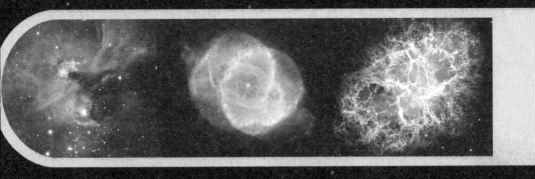

猫眼星云

1786年，一个叫做威廉·赫歇尔的天文学家无意间发现了猫眼星云。在猫眼星云里，人们可以看到一些环、螺旋和绳结一样扭曲的现象，其实这些都是星云中心的恒星在被抛离出星系的过程中形成的。

"宇宙广播电台"——蟹状星云

中国宋代天文学家记录了一次超新星爆发，一颗叫做关克星的超新星爆发所抛射出来的气体彩云，很像一只横行太空的大螃蟹。人们将其称为蟹状星云。

蟹状星云一直吸引着天文学家的浓厚兴趣。天文学家发现这个星云还在不断地膨胀，而且还是以每秒1000多千米的速度继续膨胀。

蟹状星云的温度远不如太阳的温度高，但它发出极强的电离辐射，其中包括很强的X射线、无线电波、可见光和γ射线。因此，它是一座名副其实的大功率"宇宙广播电台"。

长明的天灯
——恒星

你知道天上有多少颗星星吗？星星是怎样形成的呢？

　　恒星是宇宙中最基本的成员，由炽热的气体组成，是能自己发光的球状或类球状天体。它们发光发热，产生巨大的能量。对于任何一颗恒星来说，它既有产生的一天，也有衰老、死亡的一天。但一批恒星"死"去了，又有一批新的恒星诞生。所以，宇宙中永远存在着无数个"太阳"。

　　恒星就像长明的天灯，万世不熄。

恒星的诞生

　　宇宙发展到一定时期，出现了中子星云。这些星云里面有很多气体和尘埃，还会不断地吸收周围的物质，使得星云的体积越变越大。同时，星云又不断地收缩，使得中心的温度越来越高。当温度足够高时，星云里的氢原子就会变成氦原子，可以持续地进行核聚变。这时，一颗闪亮的恒星就诞生了。

数以亿计的恒星

　　晴朗无月的夜晚，在无光无污染的地区，一般用肉眼可以看到6000多颗恒星。借助哈勃天文望远镜，人们可以看到约10亿颗恒星。据科学家估计，银河系的恒星有1500亿～2000亿颗。所以，目前能观测到的恒星只是极小极小的一部分。

天上的星星为什么一闪一闪

　　有首童谣是这样唱的："一闪一闪亮晶晶，满天都是小星星。"星星真的在闪吗？

　　其实星星并不会闪烁。人们肉眼看到闪烁的星星，那是因为受到了大气层的影响。地球表面被一层厚厚的大气层包裹，星星发射的光在传播到地球表面的过程中，受到了大气层的干扰，不停地发生折射和散射。因此，星星看起来就好像在闪烁。

红色星与蓝色星相比，哪种星体更热？

恒星的亮度等级

夜晚的星星，有的亮，有的暗。星星的亮度也分等级吗？

公元前2世纪，希腊天文学家喜帕恰斯将肉眼可以看到的星星根据亮度分为6个等级。最亮的星星是一等星，亮度排名第二的是二等星，以此类推。等级数越大，星星就越暗；等级数越小，星星就越亮。

到了19世纪，天文学家发现一等星的亮度约为六等星亮度的100倍。这样，他们又把比一等星更亮的星星定为0等、-1等……把比六等星更暗的星星定为7等、8等……

太阳的亮度等级约为-27等。可见，太阳有多么明亮。

忽明忽暗的变星

恒星的亮度并不是一直如此，有些恒星的亮度不断地变化着。天文学家把那些亮度时常变化的恒星称作变星。

现在已发现的变星有2万多颗，著名的造父变星、新星、超新星等都属于变星。

色彩斑斓的星星

星星是黄色的，还是白色的呢？

这你就不知道了吧，星星的颜色岂止黄色和白色。星星的颜色可丰富了，有蓝色、红色、绿色、黄色、白色、橙色……

星星有丰富的颜色，是因为它们的温度各不相同。就像一块铁，加热以后先发红，随着温度的升高会变成白色。表面温度在3000℃左右的星星，发出的光偏红；表面温度在6000℃左右的星星，发出的光偏黄；表面温度在20000℃左右的星星，发出的光会偏蓝。

知道，是蓝色星，因为蓝色星的表面温度达到20000℃。

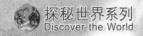

从恒星到黑洞

恒星会永远
明亮吗?

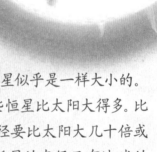

当你抬头仰望天空时,你所看到的恒星似乎是一样大小的。事实上,许多恒星如同太阳一般大小,有些恒星比太阳大得多。比如,恒星世界中的巨人——红超巨星的直径要比太阳大几十倍或几百倍。而有些恒星又比太阳小得多。白矮星的直径只有地球的一半,中子星则更小,它的直径仅仅只有20千米左右。

那么,恒星有寿命吗?恒星的寿命长短又取决于什么呢?

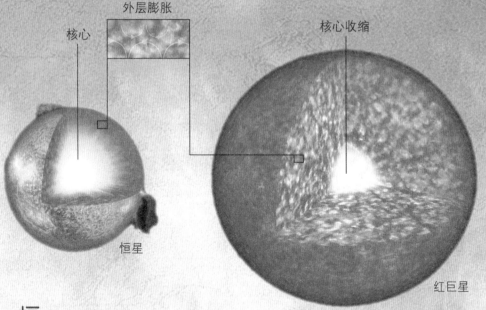

外层膨胀

核心

核心收缩

恒星

红巨星

恒星的消亡

　　一旦恒星的能量耗尽，它的核心就不再释放能量。恒星的核心开始收缩，而其外层部分开始膨胀，于是这颗恒星就变成了一颗红巨星或超巨星。所有的恒星都会有这个过程。

　　恒星的能量耗尽后，它就会变成白矮星、中子星或黑洞。然而，恒星的命运到底归结为什么呢？这就取决于它们的质量。

恒星的生存期

　　一颗恒星的寿命长短取决于它的质量大小。一颗恒星就像一辆汽车。一辆小轿车，它的油箱小，发动机的功率相对小，耗油慢；而一辆大卡车，它的油箱较大，发动机的功率也较大，耗油也更快些。因此，小汽车的寿命可能比大卡车的寿命会相对长一些。一般来说，质量比太阳小的恒星能量消耗得慢，它们的寿命最长可以达到2000亿年。质量与太阳相同的恒星，寿命大约为100亿年。质量比太阳大的恒星，寿命要短一些。比如质量是太阳15倍的恒星，也许只能生存1000万年左右。

黑洞就是一个大黑窟窿吗？人类发现的第一个黑洞在哪里？

黑洞其实是一种天体。1965年，科学家在天鹅座发现一个X射线源，被命名为"天鹅座X-1"。它也是人类确认的第一个黑洞。

自身没有燃料的白矮星

恒星内部的核燃料耗尽，一般需要100亿年以上的时间。此后，它的外层开始膨胀，最后还会飘逝到宇宙中。而被遗留下来的蓝白色的恒星内核就成为一颗白矮星。白矮星的体积较小，但它的质量与太阳的质量相当。原来，它的密度非常大，为太阳的100万倍。一小匙白矮星的物质质量相当于一辆大卡车的载重量。因此，白矮星虽然自身没有燃料，但它仍能依靠剩余物质的能量发出微弱的光。

中子星——脉冲无线电波源

一颗行将就木的红巨星或超巨星会突然爆炸，在几小时内，发出比原来亮几百万倍的强光。爆炸时就形成了超新星。超新星形成后，星体中的一部分物质扩散到宇宙中，慢慢地又重新组成了星云，紧缩后转世成为另一颗新的恒星；而星体中的另一部分物质则留下来，形成了中子星。中子星的体积小，但密度很大。一颗质量为3倍太阳质量的中子星，直径只有20千米，相当于地球上一个城镇的大小。

1967年，英国某大学天文学系的学生乔茜琳·贝尔发现了宇宙中能发出有规律的无线电脉冲的天体。后来，科学家经过研究后得出结论，这些无线电波来源于一颗中子星，即脉冲无线电波源。

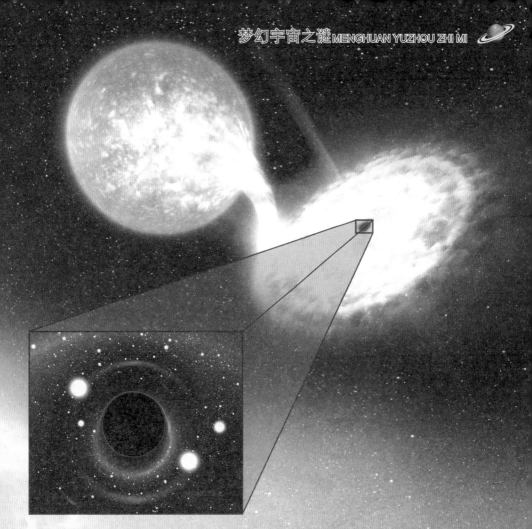

宇宙中的黑洞

　　更大质量的恒星,比如质量为太阳质量40倍的恒星一旦死亡,它们就会变成黑洞。由于黑洞的质量非常大,所以它的引力非常强。这是为什么呢?

　　因为它的密度非常大,而体积很小,所以有5倍于太阳质量的物质只能挤在直径只有30千米左右的范围内。在这么小的范围内,从每颗恒星上发出的光都被这个巨大的引力场牢牢地吸引,无法逃逸出去。也就是说,只要宇宙中的物质被这个黑洞吸了进去,就再也无法逃出来,好像掉进了一个无底洞。当我们借助于天文望远镜观测黑洞时,因为没有反射回来的光,因此我们看不到这一区域内的任何东西,只是漆黑一片。

太阳系的领袖——太阳

你知道太阳有多少岁了吗？

太阳是一颗正在燃烧的恒星，它释放出大量的能量，给我们带来光明，使地球的温度正好适合生命生存。太阳是太阳系中的主角，位居太阳系的中心，就像一家之主，关怀影响着每个成员。太阳也是太阳系中的巨人，可以轻松地将100个地球纳入自己的肚子中。

太阳的起源

大约在50亿年前，宇宙中一个区域飘浮着的尘埃在无形的引力的作用下集合在一起，慢慢紧缩，当核心温度越来越高，并到达一定程度后，爆发出红光，演化成为一颗原始的恒星。

原始的恒星不断增大，中心温度也不断升高，在这一过程中，释放出巨大的能量。于是，在银河系螺旋翼内侧的边缘，距离银河系中心大约2.5万光年处，一颗名叫太阳的恒星就诞生了。

为什么太阳系的行星会围绕着太阳运动呢？

太阳的组成成分

太阳是一个主要由氢气和氦气构成的又大又烫的气体星球。在太阳的核心区,氢原子不断地进行核聚变,变成氦原子,这时产生了强烈的光和热。这就是我们看到的太阳光。

因为太阳有着巨大的引力,拥有太阳系中最强的力量。

太阳有多大

在地球上,人们用肉眼观察,感觉太阳好像并不大。其实,太阳大得惊人。太阳的直径约为139万千米,是地球直径的109倍。太阳的体积大约为地球的130万倍,质量大约是地球的33万倍。太阳看上去较小的原因是它离地球实在太远了,大约为1.5亿千米!如果与月亮相比,太阳就像一头大象,月亮就像一只蚂蚁。

宇宙中的渺小太阳

太阳是太阳系中的领袖，影响着太阳系中的八大行星及其他天体。虽然太阳在太阳系中处于领导地位，但相对于浩瀚的宇宙来说，它只不过是一颗极其普通的恒星。它不仅要自转，还要围着银河系的中心公转。

太阳的亮度、大小和物质密度都处于中等水平。但与其他恒星相比，它离地球的距离最近，所以太阳看上去远比其他恒星更大、更亮。

太阳的一生

太阳大概有50亿岁了。那么，太阳是不是可以长生不老呢？

身强力壮的主序星

处于青壮年时期的恒星被叫做主序星。恒星一生的大部分时间都停留在主序星阶段。目前，太阳正处于这一阶段，相当于壮年期。

渐渐衰老的红巨星

科学家认为，太阳大约还能再发光50亿年。然后，太阳内部的温度会越来越高，也会变得越来越亮，体积会不断膨胀起来，比以前大很多倍，变成一个大火球。这时候，太阳进入老年阶段，天文学上称为红巨星。等太阳变成红巨星的时候，离太阳最近的水星和金星将被它吞没。这时，地球的温度会持续上升，直到热得不能住人，那时候人类就需要移居另外的星球了。

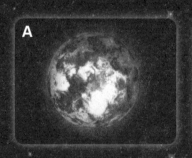
A

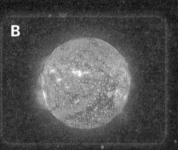
B

太阳的一生

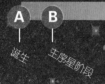

A 诞生　　B 主序星阶段

蜕变新生的白矮星

再过一段时间，太阳散发
的巨大热量会将它变成一个巨大的火球。到
了这个时候，太阳的燃料已经耗尽了，它的内部核心
会形成体积比以前小很多倍的白矮星。

生命尽头的黑矮星

变成白矮星的太阳自身已经没有燃料。它一边释放剩余的光和热，
一边悄悄地冷却下来。经过漫长的岁月，它的生命也悄然停止，变成一颗
体积小、密度大、磁场强的新天体——黑矮星，留在了浩瀚宇宙的某个角
落里。

这就是太阳的一生。其实，与人类一样，太阳也经历着生老病死的
过程。宇宙中有无数像太阳这样的恒星，正在经历像太阳这样的一生。

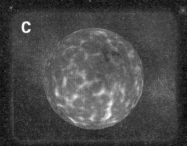

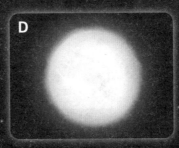

红巨星阶段　　　　　　　白矮星　冷却成黑矮星

炙手可热的
太阳公公

你知道太阳公公究竟是什么样子的吗？它的结构是怎样的？它的表面有哪些现象呢？

自古以来，人类多想仔细看看太阳的面貌啊！可是，太阳的光芒太耀眼了，这个愿望难以实现。现在，科学家借助特制的滤光望远镜就能观察和研究太阳，以了解太阳的真面目。

太阳的真面目

太阳主要分为内部和大气两部分。太阳的内部即日核，是太阳的中心，温度达到1500万℃。也只有在这样的高温条件下，才可以产生核聚变反应。太阳核心中的氢燃料足足可以燃烧100亿年。所以，在我们的有生之年，不用担心太阳的燃料会耗尽。

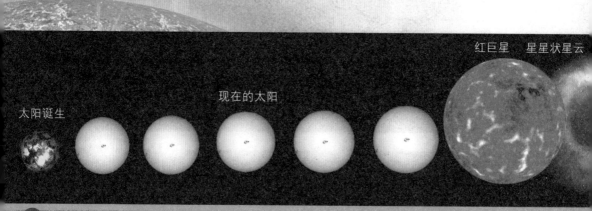

太阳诞生　　　　　　　　　现在的太阳　　　　　　　　　　红巨星　星星状星云

日核

辐射层

对流层

光球层　　色球层　　日冕层

太阳的大气层

太阳的大气分为三层：光球层、色球层和日冕层。太阳大气的内层为光球层。这一层大气大约有500千米厚，我们地球能接收到的太阳辐射能几乎全部来自这一层。光球层不透明，就像盖着一层大雾，越往里越不透明。

色球层是由非常稀薄透明的物质构成的，位于光球层之上。色球层发出微弱的红光，平时被光球层耀眼的光辉淹没了。只有在日全食发生的时候，人们才能看到色球层。

日冕层是太阳最外面的大气层。日冕的亮度只相当于满月时的亮度，平时我们用肉眼是难以看到的。

白矮星

太阳上有日震吗？

太阳的大气一张一缩地起伏着，每5分钟会有一次振荡。因此，太阳上有日震。而且，这种现象已受到各国科学家的极大关注。

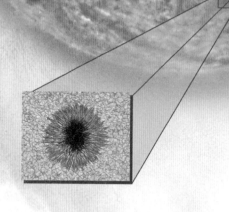

太阳黑子
——太阳表面的"雀斑"

太阳黑子是太阳表面的小黑块，看上去就像太阳脸上的雀斑，有些俏皮。其实，这些黑点经常发生移动，好像在太阳的表面做横穿运动。而这一点也表明太阳本身在绕着自己的轴心做自转运动。此外，太阳黑子的面积可能有地球这么大，是太阳表层温度比较低的大气区域。低温气团发出的光要比周围高温气团发出的光少，因此太阳黑子看上去要比光球层的其余部分暗一些。太阳黑子活动的变化周期为11年。

日珥——壮观的红色火焰

1860年1月18日，科学家在那天发生日全食的时候拍摄到了第一张红色喷焰照片。这就是日珥。日珥的主要成分是氢。日珥变化万千，有的像浮云，有的似喷泉，有的像圆环、拱桥，还有的像原子弹爆炸后形成的蘑菇云。大多数日珥的变化速度较快。日珥的数目和总面积也有11年的周期变化。一般太阳黑子多的年份，日珥的活动也多。

耀斑——猛烈的能量爆发

地球上最猛烈的爆发要算火山喷发，但比起太阳上的大爆炸那就微不足道了。色球层上一个亮点在几分钟甚至几秒钟内突然增亮，面积可达1亿平方千米。这就是色球层上最剧烈的活动现象——耀斑爆发。一次大的耀斑爆发，相当于太阳每秒钟释放的全部辐射能，比上百万次强烈的火山喷发释放出的能量还多得多。

太阳风——日冕层发出的高速粒子流

紫外线

X射线

地球上空气流动后形成了风。从日冕层发出的高速粒子流则形成了太阳风。太阳会不断地向四面八方吹风。原因就在于日冕的温度很高，达到200万℃。而且日冕层的物质又极其稀薄，在这种状态下，粒子的运动速度极快，它们挣脱了太阳的强大引力，像脱缰的野马奔向四面八方。这样，日冕层就稳定地向外膨胀形成太阳风。

太阳活动的影响——短波通信中断

1981年10月12日下午，中国科学院北京天文台观测到一个三级大耀斑，持续了2个多小时。耀斑发射的强X射线辐射，严重干扰了电离层，使短波通信中断长达90分钟。

耀斑是太阳活动的主角之一，它会引起一系列较大的地球物理效应。当太阳活动加剧时，耀斑的出现也会更加频繁，短波通信中断的现象也会伴随着发生，时间从几分钟至几小时不等。

无线电短波通信是靠电离层反射电波实现的。然而，太阳耀斑却是它的克星。太阳耀斑出现时，会辐射出大量的紫外线、X射线等高能射线。它们抵达电离层后，会大量吸收通过电离层的无线电短波，使短波无线电通信大为减弱以致全部中断。

太阳不见了

日食是太阳被天上的怪物吃掉了吗？为什么过一会儿太阳又出来了呢？

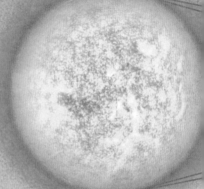

太阳

2009年7月22日上午9时34分12秒，中国长江流域出现了500年一遇的日全食。此次日全食的时间长达6分钟。晴朗的白昼，骄阳凌空，光芒四射。突然，太阳被一个黑影逐渐遮蔽。开始，这个黑影只是一点点，后来它不断扩大，太阳的圆面被遮挡的部分越来越大，最后整个太阳都被遮住了。当太阳被遮掩时，天空骤然变得昏暗，就像黑夜来临，明亮的星星也都显露出来了。

日食——太阳躲到了月亮背后

日食是一种天文现象。当月球运行至太阳与地球之间，如果此时三者正好位于同一条直线上，就会发生日食现象。在太阳的照射下，月球背向太阳的一面是黑暗的，月球的影子就会投射到地球表面，被月影扫过的地带和地区，人们便可以看到太阳的圆面被月球遮掩，这就是发生了日食现象。

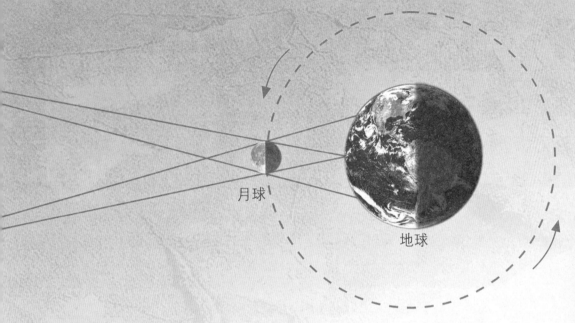

月球

地球

从初亏到复圆

一次日全食的过程可以包括以下五个阶段。

初亏 由于月球自西向东绕着地球公转，所以日食总是出现在太阳圆面的最西缘。当月球的东边缘刚接触到太阳圆面的瞬间，称为初亏。

食既 当月球把整个太阳的圆面遮住时，即日全食开始的时刻，就是食既。日全食发生时，太阳外层大气的现象都特别明显。

食甚 食既以后，月球继续东移，当月球的中心和日冕的中心相距最近时，就达到了食甚。

生光 月球继续往东移动，当月面的西边缘和日冕的西边缘相内切的瞬间，称为生光。它也是日全食宣告结束的时刻。

复圆 生光之后，月面继续往东移动，逐渐移离日面，太阳被遮蔽的部分逐渐减少。当月面的西边缘与日面的东边缘相切的刹那间，称为复圆。

美妙的贝利珠、钻石环

发生日全食时，当太阳将要被月球完全挡住时，在日面的东边缘会突然出现一弧像钻石似的光芒，好像钻石戒指上引人注目的闪耀光芒，这就是钻石环。同时，在瞬间还会形成一串发光的亮点，像一串光辉夺目的珍珠高高地悬挂在漆黑的天空中，这种现象叫做珍珠食。英国天文学家贝利最早描述了这种现象，因此又称为"贝利珠"。

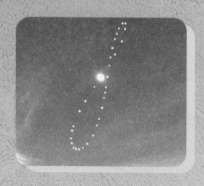

由于月球表面有许多崎岖不平的山峰，当阳光照射到月球边缘时，就形成了贝利珠现象。贝利珠出现的时间很短，通常只有1～2秒，紧接着太阳就会被月球的影子完全遮住而发生日全食了。

意义重大的日食

日食，特别是日全食，是人们认识太阳的极好机会。日全食发生时，月球挡住了太阳的光球圆面，在漆黑的天空背景下，相继显现出红色的色球和银白色的日冕，科学工作者可以在这一特定的时机观测色球和日冕，并拍摄色球、日冕的照片和光谱图，从而研究太阳的物理状态和化学组成。

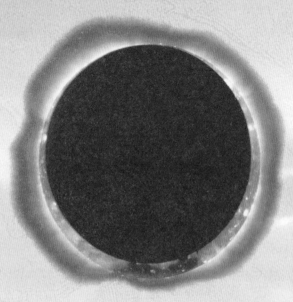

日食还可以为科学家研究太阳和地球的关系提供良好的机会。日全食发生时，由于月球逐渐遮掩太阳的各种辐射源，从而引起各种地球物理现象发生变化，这时对于各种有关的地球物理效应的观测和研究也具有一定的意义。

三种不同的日食

日全食 月球把太阳全部遮住。

日偏食 月球遮住了太阳的一部分。日偏食的过程只有初亏、食甚和复圆这三个阶段。

日环食 月球遮住了太阳的中央部分。日环食与日全食的过程相同。

日食的古老传说

在世界各国的古老传说中，很多人认为日食是怪物正在吞食太阳。

古代斯堪的纳维亚人认为日食是天狼食日。

越南人认为食日的大妖怪是只大青蛙。

阿根廷人认为食日的大妖怪是只美洲虎。

西伯利亚人认为食日的大妖怪是个吸血僵尸。

印度人则认为食日的大妖怪是怪兽。

古埃及的太阳教徒认为存在着一条可以吞食太阳神的蟒蛇。而埃及另有一些传说记载，日食的发生是因为一只想在天庭称霸的秃鹰企图夺走太阳神的光芒。

印加人的神话中有一只能通过甩尾巴来呼风唤雨的猫，而日食和月食正是这只神猫发怒的表现。

你知道日食通常发生在什么时候吗？

日食通常发生在农历初一。

太阳系的子女们

太阳系的子女包括哪些天体呢？

太阳系是由太阳以及在其引力作用下围绕它运转的天体构成的天体系统，由太阳、八大行星、卫星、彗星、小行星及星际物质组成。这里有我们熟悉的金星、火星、木星等行星，也有我们最为熟悉的地球和月球。地球就是我们的家园。地球和它的七个行星伙伴，围绕着太阳昼夜不停地旋转着。

太阳系的八大行星

太阳系的八大行星中，在夜空中比较明亮的有五颗，分别是水星、金星、火星、木星和土星，我国古代把这五颗行星与太阳、月亮合在一起，称为"七曜"，即七个明亮的天体。1781年，天文学家赫歇尔发现了天王星；1846年，德国天文学家伽勒找到了海王星。这两大行星距离太阳特别远，又称为远日行星。

八大行星在宇宙空间中的运动具有一定的规律。它们都是自西向东绕着太阳公转，而且大多数行星与太阳的自转方向相一致。除了水星外，其他七大行星的公转轨道几乎都在同一平面上，都近似于椭圆形。

行星的起源

行星到底是怎样产生的呢？关于行星的起源，世界各国的天文学家提出了几十种不同的假说，归纳起来主要有三大类：

分离说 认为形成行星的最初物质是从太阳或其他恒星上分离出来的。

俘获说 认为太阳形成后，在它的运动过程中，俘获了大量星云物质，以后逐步演化为行星和卫星。

共同形成说 认为太阳和行星都是由一块"原始星云"共同形成的，它的中心部分凝聚为太阳，四周则变为行星和卫星。

目前受到较多天文学家认可的是"共同形成说"。

类地行星

以太阳系中的小行星带为界，八大行星又可以分为内行星与外行星。水星、金星、地球与火星，这四颗行星的体积都比较小，中心有铁核，金属比重大。它们离太阳的距离相对较近，质量和半径都较小，平均密度较大，表面都有一层硅酸盐类岩石组成的坚硬壳层，有着类似于地球的各种地貌特征，所以又被称为类地行星。比如，像水星这样没有大气的行星，其外貌类似于月球，表面密布着环形山和沟纹；而对于有浓密大气的金星，它的表面地形与地球更为相像；火星上有大气层，它的表面崎岖不平，遍地岩石，与地球很类似。

外行星

外行星中，木星与土星的体积比较大，是行星世界的巨人，被科学家称为巨行星。这两颗行星的密度小，主要由氢、氦、氯等物质组成。它们拥有浓密的大气层，但是大气层下并没有坚实的岩石表面，而是一片由沸腾着的氢组成的"汪洋大海"。所以，它们又被称为巨型气态行星。不过，它们的内核非常坚实，由岩石、固态二氧化碳以及其他一些混合物构成。每颗行星的内核质量是地球的好多倍。

天王星、海王星这两颗外行星，因为与太阳的距离非常遥远，因此又被称为远日行星。它们表面覆盖着浓浓的大气层。天王星的大气层主要由氢和甲烷组成，因此看上去呈淡蓝色；海王星的大气层主要由氢、氦、甲烷组成。天王星和海王星都带有光环，看上去异常美丽。

海王星   天王星   土星   木星

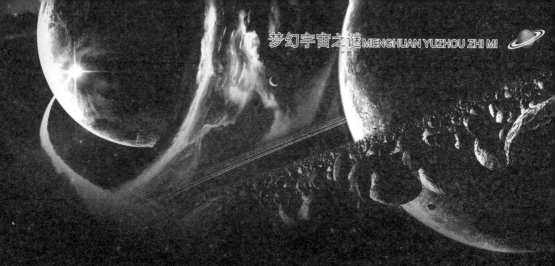

自身不发光的行星

　　八大行星本身不会发光，它们是靠反射太阳光才发亮的。行星的表面温度远低于恒星，最靠近太阳的水星，白天其表面温度仅为430℃，平均温度为167℃。而太阳表面的温度达到5500℃。行星的质量比恒星小得多，质量最大的木星还不到太阳质量的千分之一。因此绝不可能使内部的温度高到发生热核反应的程度。因此，行星自身不会发光，也不会释放能量。

行星的卫士——卫星

　　在太阳系的八大行星中，大多数行星都有自己的"卫士"，而且有些行星还不止一个"卫士"。科学家们把这些"卫士"统称为卫星。

　　太阳系内目前发现并已命名的卫星已超过170颗。其中，地球只有一颗卫星——月亮；土星的卫星最多，有62颗已确定轨道的卫星，其中52颗已被命名。

你知道太阳系中没有卫星的行星宝宝是谁吗？

我知道，是水星和金星。它们没有自己的卫星。

太阳系中的
危险分子——水星

水星之所以叫水星，肯定是因为水星上有很多很多的水吧。我说的对吗？

　　水星是八大行星中最小的行星，也是距离太阳最近的行星。水星有一层稀薄的大气层，主要由岩石外壳和铁质核心构成。水星的密度较高，与地球差不多。在水星上看太阳，要比在地球上看太阳大2.5倍，太阳光比直射地球赤道的阳光还要强6倍。

行星中的极端分子

　　在太阳系的八大行星中，水星获得了以下几项"吉尼斯纪录"：

　　水星是距离太阳最近的行星。

　　水星上的温差变化大。白天，水星朝向太阳的那一面的温度达到约427℃，而到了夜晚，温度就跌至约-173℃。

　　水星受到太阳的引力最大。

　　水星是太阳系中公转周期最短的行星，绕太阳一圈仅需88天。

坑坑洼洼的水星

1974年，美国国家航空航天局发射了太空探测器"水手"10号，对水星的半个表面进行了拍摄。根据"水手"10号拍摄的照片显示，水星的表面到处坑坑洼洼，大大小小的环形山星罗棋布。这些环形山都以世界上著名的画家、作家及音乐家的名字来命名，其中包括音乐家莫扎特和巴赫。

在宇宙中运行，水星受到无数次陨石的撞击。当水星受到巨大的撞击后，就会形成盆地，周围则由山脉围绕。盆地之外是撞击后岩浆喷出物以及由熔岩形成的平坦的洪流平原。经过几十亿年的演变，水星表面还形成许多褶皱、山脊和裂缝，彼此相互交错。因此，水星并不像水面那样平滑，其表面不仅有高山、平原，还有令人胆寒的悬崖峭壁。最长的断崖可达数百千米，落差最高可达3千米。

水星上为什么没有水

水星与太阳的距离约为5800万千米。因为它太接近太阳,所以常常被猛烈的阳光淹没。水星朝向太阳的一面,温度非常高,可达到450℃。这样热的地方,就连锡和铅都会熔化,水早就被蒸发了。但背向太阳的一面,由于长期不见阳光,温度非常低,只有约-173℃。这一面也不可能存在液态的水。所以,水星上没有水。

稀罕的磁场

除地球外,水星是太阳系类地行星中唯一一颗拥有显著磁场的行星。不过尽管如此,它的磁场强度也不到地球的百分之一。

但是对于一颗行星来说,磁场的有无绝非小事。比如地球,正是因为有了磁场,才构成了地球上生命的保护伞,帮助抵挡有害的太阳辐射和其他宇宙射线。如果没有磁场,地球上的生命将很难出现并演化。

你知道水星上的一天相当于地球上的多少天吗?

太阳系中的危险分子

　　水星绕太阳运转的轨道是八大行星中偏心率最大的轨道。也就是说，水星的公转轨道是最扁的。水星的公转周期为88天，自转周期为59天，它每公转2周就会自转3周。因此，在水星的某些地方，会产生这样一种奇怪的现象：太阳慢慢升到天顶，看起来越来越大，到了天顶，太阳会停下来，然后往后倒退，再停下来。接着继续恢复前进直到落下。

　　最新的计算机模拟显示，在未来数十亿年间，水星的这一椭圆轨道还将变得更扁。这样就使水星有1%的机会和太阳或金星发生撞击。更令人担忧的是，水星这样混乱的轨道运动将有可能打乱太阳系其他行星的运转轨道，甚至导致水星、金星或火星的轨道发生变动，并最终和地球发生相撞。如果真有这么一天，那将给地球带来毁灭性的灾难。

176天。因为水星自转速度很慢，要自转三周才是一昼夜。

迷雾环绕的金星

你知道离地球最近的行星是哪颗吗？它有哪些与众不同的特点呢？

金星是距离太阳第二近的行星，也是离地球最近的行星。中国古代将它称为太白金星。

这颗太白金星的表面笼罩着浓厚的大气层，但是没有磁场、磁层和辐射带，只是在其表面存在着一层薄薄的电离层。金星的平均温度比太阳系其他行星都要高，大约为460℃。

黎明之星

金星，又被人们称为黎明之星。因为金星和水星一样，只有在日出前的东方地平线上，或日落后的西方地平线才能被人们看到。

亮如钻石的金星

金星是全天中除太阳外最亮的星，比著名的天狼星还要亮14倍，犹如一颗耀眼的钻石。因此，古希腊人称它为阿佛洛狄忒——爱与美的女神，而罗马人则称它为维纳斯——美神。

地貌复杂的行星

在岁月的洗礼下，金星的表面产生了巨大的演变。金星是一颗地貌情况非常复杂的行星。其表面的大部分地区是平原，此外便是高地、裂谷和火山。金星上最大的高原比中国的青藏高原还要高2倍，最高的山峰比世界最高峰——珠穆朗玛峰还要高得多。

貌合神离的姐妹

有人称金星是地球的姐妹星。确实，从结构上看，金星与地球有不少相似之处：金星的半径只比地球小300千米；体积是地球的0.88倍，质量为地球的五分之四，平均密度略小于地球。

但金星上的环境和地球则有天壤之别。金星的表面温度很高，不存在液态水，加上高压、严重缺氧等残酷的自然条件，金星上几乎不可能有生命存在。

因此，金星和地球只是一对貌合神离的姐妹。

金星上为什么有迷雾

金星是地球的近邻，但是人类对金星的了解并不多。造成这种情况的原因之一，就是金星的表面笼罩着一层迷雾。这层迷雾挡住了科学家们的视线，使他们一直看不清金星的真面目。

那么，这层迷雾到底是什么呢？

有人猜测，金星周围的这层云雾和地球上的云雾是不一样的，它很可能就是一些灰尘，远远望去就像一团迷雾。

20世纪60年代，科学家又发现金星的大气中含有大量的水蒸气，于是他们认为这层迷雾是由水蒸气构成的。

1978年，美国科学家把两个专门研究金星的太空探测器送上了金星。观测结果发现，金星的大气的主要成分是二氧化碳，而且二氧化碳的含量比地球大气中的二氧化碳含量多1万倍。此外，他们还发现在金星的北极附近有一个暗色云带，很可能是一种卷云。

特殊的温室效应

金星表面的大气压高达90个大气压，其主要成分是二氧化碳，由数千米厚的硫酸云紧紧包裹着。这样的大气产生了强烈的温室效应，使得金星的表面温度始终维持在460℃。这样的环境导致金星上没有生物可以生存。

金星的自转速度快吗？

金星的自转速度非常慢，金星上的一天相当于地球上的243天。

金星凌日

当金星运行到太阳和地球之间时，我们可以看到在太阳表面有一个小黑点慢慢穿过。这种天象称之为"金星凌日"。天文学中，往往把相隔时间最短的两次"金星凌日"现象分为一组。这种现象的出现规律通常是8年、121.5年，8年、105.5年。

未来可能移居的星球——火星

火星为什么这样命名呢？是因为火星上有火山吗？

战神火星

作为八大行星的重要成员之一，火星在自己的轨道上有规律地运转着。它位于地球和木星之间，由于其表面鲜红的颜色，火星又被人们称为"战神"。

古埃及人曾把火星作为农耕之神来供奉。后来，古希腊人把火星作为战神阿瑞斯，而古罗马人继承了希腊人的神话，将其称为战神玛尔斯。

火星上没有火

火星是太阳系的内行星之一，位于地球和木星之间，直径为地球的一半。火星属于"沙漠"行星，没有稳定的液态水。以二氧化碳气体为主的大气层既稀薄又寒冷，沙尘悬浮于其中，常年发生尘暴。火星的两极是由水冰与干冰组成的极冠，会随着季节消长。

火星表面有大量的赤铁矿，因此外观呈现出火红色，像燃烧着的熊熊的烈火。其实，火星上并没有火，它的表面荒凉沉寂，遍地都是被陨石撞击后形成的坑洞。

人类最有可能移民的星球

2008年，美国宇航局发射的火星探测器在火星上找到了冰。水是人类赖以生存的源泉，所以科学家们认为火星有可能成为适合人类生存的第二个地球，是未来人类最可能移民的星球。

当然，以现在的科技发展水平还是不行的。因为火星表面的温度太低，除了两极地区外，基本上没有水；大气又太稀薄，且大气中基本上以二氧化碳为主，没有氧气。对于这些问题，目前人类还没有妥善的解决方法。

人类从何时起开始探测火星的？

1965年，人类发射了"水手"4号太空探测器，第一次对火星进行探测。

火星上的悬崖峭壁

火星上的山脉众多，最著名的是奥林匹斯山、阿尔巴山和阿尔西亚山。火星表面悬崖峭壁的高度远高于地球，虽然历经数亿年的风化侵蚀和崩塌，但火星上的火山山脉仍十分高耸。据英国新科学家杂志2011年11月报道，对于拥有40亿年历史的火山，莎希特斯火山看上去并不古老，其最新合成图像颇似壮观美丽的彩虹火山。

莎希特斯火山的山峰高于火星表面8千米，差不多是地球最高峰珠穆朗玛峰的高度。与火星上的其他火山相比，莎希特斯火山的高度高于火星火山的平均高度。

美国宇航局休斯敦火星探测计划首席调查员、火星研究中心的帕斯卡·李解释说："由于火星重力仅为地球重力的38%，因此其表面的山脉高度将是地球山脉高度的3倍。"

火星上的大峡谷

与地球上的峡谷不同，火星上的大峡谷不是由于河水的长期侵蚀作用形成的，而是由于火星表面岩层断裂而形成的。水手大峡谷的垂直深度达7千米，宽度约200千米，其规模之大极其罕见，仅次于地球上的东非大裂谷。因此，它也成为火星表面最突出的地貌之一。

与地球最相似的星球

火星与地球有许多相似之处。

它们都有卫星，都有移动的沙丘、大风扬起的尘暴，南、北两极都有白色的冰冠。

火星上也有白天和黑夜的交替，一昼夜为24小时37分钟。火星上看到的太阳也是东升西落。

火星绕太阳公转的周期为686天，表面也有明显的四季变化，每个季节约有172天，相当于地球上的6个月。此外，火星上还可明显地将地区分出"五带"，即热带，南、北温带以及南、北寒带。

火星上也有大气层，但极为稀薄，其中95%是二氧化碳，还有少量的氮气和氩气。

火星上有生命吗

在火星的大气中，含有形成生命不可缺少的基本元素。但是火星上昼夜温差很大，夜间的气温比地球南极还要低。加上大气层里几乎全是二氧化碳，所以生命体无法在火星上存活。

20世纪60年代中期，美国和苏联相继发射太空探测器，对火星进行考察。1976年，美国国家航空航天局向火星发射了太空探测器"海盗1号"和"海盗2号"。这两个太空探测器采集了火星上的土壤。返回地球后，科学家们对这些土壤进行了相关试验，结果没有证据证明火星上存在生命。

行星中的小"太阳"
——木星

木卫一

木星的大红斑为什么呈红色呢?

木卫三

木卫四

木卫二

木星是太阳系中最大的行星。木星是以罗马众神之神朱庇特的名字命名的哦。在成为众神之神前,朱庇特是掌管天空和雷电的罗马神。

木星的质量很大,大约是地球的300多倍。它的体积也很大,大到可以容纳160多个地球。在太阳系的八大行星中,木星的自转速度是最快的。它自转一周只需要9小时50分钟,也就是说,木星上的一天还不到10小时。

此外,木星还拥有数量众多的卫星,已知的卫星有62颗。

明亮的木卫二

木卫二是一颗体积比月球略小,但密度和月球差不多的卫星。这颗卫星于1610年由伽利略发现。木卫二的表面非常光滑,被大量的冰覆盖着,好像一个奶油巧克力与冰块混合而成的大球体。其内部主要由硅酸盐类岩石组成。据探测器观察显示,在木卫二的表面,还布满了许多纵横交错、密如蛛网的明暗条纹,这很可能是冰壳的裂缝。

神秘的大红斑

　　1665年，法国天文学家发现木星上有一块大红斑。这立即引起了国际天文学界的注意。1878年，又一位天文学家发现了这块大红斑。现在，这块大红斑已经成为木星最为显著的特征。

　　300多年来，天文学家们对这块神秘红斑的观测一直没有停止。他们在观测中发现，大红斑的颜色时浓时淡，而且它在纬度方向上还有漂移运动。因此，天文学家们推测，大红斑不是固态物质，而是像意大利天文学家卡西尼所说的，大红斑是木星大气的形态，就好像我们看到的天空中的云彩。

　　1979年，"旅行者"1号探测器发回的照片显示，这块巨大的红斑是一块位于木星的赤道南侧、长达2万多千米、宽约1.1万千米的红色椭圆形区域。仔细研究后，科学家们认为，在木星的表面覆盖着厚厚的云层，大红斑是耸立于高空、嵌在云层中的强大旋风，或是由一团激烈上升的气流所形成的。2007年，美国宇航局发布了由"新视野"号探测器在飞往冥王星的途中掠过木星时拍摄的木星图像，其中就包括了大红斑。天文学家们将借助这些照片进一步分析木星风暴系统的形成及颜色变化等问题，以彻底解开木星大红斑的奥秘。

木星也有光环

科学家们从"旅行者"1号发回的照片中发现，木星也有光环。木星环主要由亮环、暗环和晕三部分组成，环的厚度不超过30千米。其中，亮环距离木星的中心约13万千米，宽6000千米。暗环在亮环的内侧，宽达50000千米。亮环的外缘还有一条宽约700千米的亮带。其实，木星的光环是由大量尘埃和碎石组成的。当然，木星环比土星环暗得多。

会释放能量的木星

近年来，宇宙探测器对木星的考察表明：木星正在向宇宙空间释放巨大能量。它所放出的能量是它所获得太阳能量的两倍，这说明木星释放能量的一半来自于它的内部。木星内部存在着热源。

众所周知，太阳之所以不断放射出大量的光和热，是因为太阳内部时刻进行着核聚变反应，在核聚变过程中释放出大量的能量。木星是一个巨大的液态氢星球，本身已具备了无法比拟的天然核燃料，加之木星的中心温度异常高，具备了进行热核反应所需的高温条件。至于热核反应所需的高压条件，就木星的收缩速度和对太阳放出的能量及携能粒子的吸积特性来看，木星在经过几十亿年的演化之后，中心压可达到最初核反应时所需的压力水平。

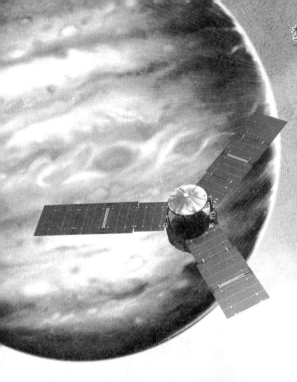

木星的未来

一旦木星上爆发了大规模的热核反应，以千奇百怪的旋涡形式运动的木星大气层将充当释放核热能的"发射器"。所以，有些科学家猜测，再经过几十亿年之后，木星将会改变它的身份，从一颗行星变成一颗名副其实的恒星。但也有些科学家并不认同这一观点，他们认为，木星无法与太阳相比，木星是由液态的氢构成。虽然它在未来可能会发光，但其亮度根本不能和恒星相比。所以，对于木星的未来，至今仍没有得出让人信服的结论。

超级大呢！木星的大红斑足以容纳2个地球。

木星的大红斑究竟有多大呢？

七彩光环环绕的土星

众所周知，土星戴着美丽的光环。可是，为什么有时候这个光环会突然消失呢？

土星是一颗美丽的行星，是太阳系第二大行星，它的质量和大小仅次于木星。不过，土星的密度很小，是太阳系中唯一一颗密度小于水的行星。

土星与木星犹如孪生兄弟，有许多相似之处。土星的核心由岩石构成，核心的周围是由液态氢和金属氢组成的壳层。与木星一样，土星的表层也有一层以氢、氦为主的大气层，像裹着一床浓厚而色彩绚丽的大被子。大气中还飘浮着由稠密的氨晶体组成的云带。如果说木星的大气运动诡谲多变，那么土星的大气运动就显得较为平静。

土星的名字由来

土星上狂风肆虐，沿东西方向的风速可超过每小时1600千米。中国古代人根据五行学说（即木青、金白、火赤、水黑、土黄），结合肉眼观测到的土星的颜色——黄色来命名。中国古代人又称土星为镇星。在西方，人们用罗马农神"萨图努斯"的名字为土星命名。

土星的美丽光环

在太阳系的八大行星中，土星属于一颗较为美丽、奇特的行星。它的光环最惹人注目。在圆球形的星体周围有一圈很宽的"帽檐"，使土星看上去就像戴着一顶漂亮的大草帽。这圈光环就是土星光环，又称土星环。

构成土星的光环实际上由无数直径在7厘米至9米之间的小冰块和石块组成，它们都以自己的轨道绕着土星运转。光环的结构极其复杂，它们在阳光的照射下显得色彩斑斓。

土星的光环有好几层，它们的宽度和亮度各不相同。"旅行者2号"探测器曾经对土星环进行近距离观测。根据返回的照片，科学家发现土星环的整体形状就像一张巨大的密纹唱片。从土星的云层顶端向外延伸，通常把土星光环划分为7层，距土星最近的是D环，亮度最暗；其次是C环，透明度最高；B环最亮；最后第四层是A环。在A环与B环之间有一段黑暗的宽缝，这就是有名的卡西尼环缝。A环以外有F，G，E三个环，E环处于最外层，十分稀薄且宽广。

关于土星环的起源，有好几种不同的说法：有的科学家认为光环曾是土星的一颗卫星，后来由于逐渐接近土星而被土星的潮汐引力撕裂；也有的科学家认为光环从来就不是卫星自身的，而是土星形成初期的原始星云留下的。但这些理论都有待于人类的进一步考证。

除了土星之外，还有其他行星存在光环吗？

突然消失的光环

土星的光环是相当稀薄的，尽管它们的直径达25万千米甚至更大，但是它们最多只有1.5千米厚。

与地球一样，土星也是侧着身子绕着太阳旋转的。由于光环的平面与土星轨道面不重合，且光环平面在绕日运动中方向保持不变，所以当人们从地球上用望远镜观看土星的光环时，会发现它的样子和宽度是变化的，时隐时现。当太阳光垂直射向土星赤道时，薄薄的土星光环会变得更加薄，几乎像一条线一样。这时，人们用肉眼就分辨不出如此薄的光环，也就以为土星的光环突然消失了。

"奶油糖"行星

土星外围的云层呈带状分布，温度也比较低。在它的外面还环绕着一层白色的薄雾，使土星呈现出奶油糖果般的颜色，所以土星又被人们称为"奶油糖行星"。

五花八门的土星卫星

土星的卫星为数众多，精确的数量尚不能确定，所有在光环上的大冰块，理论上来说都是卫星，而且要区分出是光环上的大颗粒还是小卫星，是很困难的。到2009年，已经确认的卫星有62颗，其中52颗已经有了正式的名称，还有3颗可能是环上尘埃的聚集体而未能确认。

许多卫星都非常小：34颗卫星的直径小于10千米，另外13颗卫星的直径小于50千米，只有7颗卫星有足够大的质量，能够以自身的重力达到平衡。土星卫星的形态各种各样，五花八门，使天文学家们对它们产生了极大的兴趣。

最著名的卫星是"土卫六"，它也是目前发现的太阳系的卫星中唯一有大气存在的卫星。

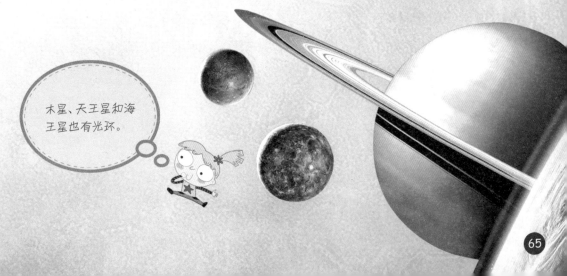

木星、天王星和海王星也有光环。

天王星、海王星与降级的冥王星

你知道冥王星属于哪类天体吗?

海王星　天王星　木星　太阳　土星　冥王星

    2006年前,天王星、海王星与冥王星是太阳系中的三颗远日行星。2006年8月24日,第26届国际天文学大会在捷克首都布拉格举行,科学家们重新对太阳系的天体进行分类,冥王星与谷神星、齐娜星归为矮行星。至此,冥王星脱离了行星家族,太阳系中只有八大行星了。

矮行星的特点

    当太阳系中的天体具有以下四个特点时,它就要归为矮行星。一是绕太阳公转;二是有足够大的质量,能够依靠自身的重力维持近球形的形状;三是不能清除在其近似轨道附近的其他小天体;四是不属于卫星。

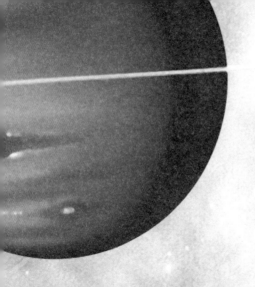

躺着转的天王星

在太阳系的行星中，木星是站直了身子，边转边往前走的，大多数行星是斜着身子转的。但是，天王星的姿势非常古怪，它是平躺着，一边自转，一边绕着太阳公转。

天王星的自转轴几乎是躺在轨道平面上的，倾斜的角度高达98°。这使天王星上的季节变化完全不同于其他行星。阳光轮流照射着天王星的北极、赤道、南极、赤道。在赤道附近狭窄的区域内，可以体会到迅速的昼夜交替，但太阳的位置非常低。由于天王星的公转速度非常慢，绕太阳一圈，大约要花相当于地球上84年的时间，所以，天王星的每一极都会有被太阳持续照射42年的极昼，而另外42年则处于极夜。

发现天王星第一人

1781年3月13日，威廉·赫歇尔用自制的望远镜观察到双子座附近有一个暗绿色的光斑，他成为最早发现天王星的人。1783年，法国科学家拉普拉斯证实赫歇尔发现的是一颗行星。赫歇尔本人也向皇家天文学会的主席约翰·班克斯承认这个事实。

天王星也有光环

天王星有一个暗淡的光环，由直径约10米的黑暗粒状物组成。它是继土星环之后，在太阳系内发现的第二个行星环。目前已知天王星有13圈圆环。天王星的光环像木星的光环一样暗，但又像土星的光环那样有相当大的直径。2005年12月，哈勃太空望远镜观测到一对以前未曾发现的蓝色圆环。最外围的一圈与天王星的距离比早先知道的环远了2倍，因此新发现的环被称为环系统的外环，使天王星环的数量增加到13圈。2006年4月，美国凯克天文台公布的新环影像中，外环的一圈是蓝色的，另一圈则是红色的。经研究发现，天王星的蓝色光环接近它的卫星——"迈布"的轨道。

距离太阳最远的行星——海王星

通过天文望远镜，我们可以在遥远的太空中发现一颗淡蓝色的行星。它就是距离太阳最远的海王星。海王星的质量大约是地球的17倍，其表面的温度很低，大约低于-200℃。整个行星表面都覆盖着厚厚的冰层。海王星是19世纪40年代由英国天文学家亚当斯和法国天文学家勒威耶测算后发现的。

淡蓝色的海王星

海王星的大气层主要由氢气和氮气组成，还含有少量的甲烷。因为大气中的甲烷吸收了阳光中的红光和紫光，使得经过大气反射的阳光主要为蓝色。因此，我们看到的海王星是淡蓝色的星球。海王星也具有光环，不过它的光环比较暗弱。

天气恶劣的海王星

1989年，当"旅行者"2号飞越海王星期间，海王星展现出著名的天气现象。海王星的大气层有太阳系中的最高风速，据推测这源于其内部热流的推动，它的天气特征是极为剧烈的风暴系统，其风速达到超音速。在海王星的赤道地带，这一现象更加典型，风速约达每小时1200千米。

你知道冥王星为什么降级吗？

因为冥王星不是能够"清空轨道附近区域"的天体，所以它被降级为矮行星。

地狱之神——冥王星

冥王星距离太阳相当的遥远，接受到的太阳光和热量非常少，只有地球的几万分之一。因此，冥王星上又黑又冷，朝向太阳的那一面的温度也只有-220℃。

冥王星是太阳系中第二个反差极大的天体，仅次于土卫八。冥王星的轨道十分反常，从1979年1月至1999年2月的这段时间内，冥王星与太阳的距离比海王星更近。冥王星的公转周期刚好是海王星的1.5倍。它的轨道倾角也远离于其他行星，看上去冥王星的轨道好像要穿越海王星的轨道，实际上它们两个的轨道平面并不重合。所以，它们永远不会碰撞在一起。

蓝色的美丽家园
——地球

我们生活的地球是一个怎样的星球呢?

地球是我们目前已知的唯一一个存在生命的星球,也是人类赖以生存的家园。

从太空中看地球,地球是一个蓝色的、晶莹的星球,非常漂亮。地球上绝大部分地区是蓝色的海洋,此外还有很多黄色、绿色和白色的纹路;白色的是云层和冰雪,绿色的是植物,黄色的是大地。

地球是怎么形成的

大家可能都听过盘古开天辟地的神话故事。不过,地球可不是盘古开天辟地形成的。

关于地球是怎么形成的,目前还没有明确的定论。有的科学家认为地球是从温度极高的气体中分离出来的。有的科学家认为,由于太阳周围的气体和宇宙尘埃不断地凝固变大,最终形成了现在的地球。

地球内部是个大火炉

地球内部可以分成好几个同心圈层，包括地壳、地幔、地核三个圈层。

地壳是地球外部的一层坚硬外壳，由各种岩石组成。地壳的平均厚度为33千米，但各地并非一样，一般大陆比海洋厚，高山比平原厚。

地幔介于地壳和地核之间，分为两层：上层（即上地幔）离地面33～900千米，主要由固态结晶体构成，具有较大的可塑性。下层（即下地幔）离地面900～2900千米，主要由非结晶状态的物质构成。地幔物质常处于熔岩状态，成为岩浆的发源地。

地核是指地幔以下到地球核心部分，温度为3000℃～5000℃。在这样的高温高压下，地球中心的物质，已不能用我们熟悉的"固态"或"液态"来表示，内部物质犹如树脂和蜡一样具有可塑性。

地球多少岁了

科学家们通过测定地球上岩石的年龄推断，地球大约有46亿岁。

一开始，科学家们通过同位素检测法推算出地球上最古老的岩层大约有38亿岁。当然，这不是地球的年龄。因为地球刚开始形成的时候温度非常高，岩石是当地球冷却后才形成的。所以，科学家认为加上岩石形成之前的那段时间，地球的年龄大约是46亿岁。

地球的形状

关于地球的形状，古今中外的科学家们提出了他们各自的见解。

公元前500年前后，古希腊数学家毕达哥拉斯和他的弟子们，首先提出了大地是球形的设想。100多年后，古希腊哲学家亚里士多德通过观察月食对毕达哥拉斯的设想给出了有力的佐证。我国东汉天文学家张衡提出的浑天说把宇宙比作鸡蛋，大地就像鸡蛋中的蛋黄。15、16世纪麦哲伦船队成功环绕地球航行一周，为大地是球形的设想提供了有力的证据。

那么，地球是不是一个滚圆的正球体呢？17世纪末，英国物理学家牛顿认为地球是一个赤道半径要比极半径大一些的扁球体。但是，以巴黎天文台台长卡西尼为首的一派认为地球是个长球体。这一争论延续了长达半个世纪之久。

随着测量技术的不断进步，人们利用人造地球卫星测得地球赤道半径为6378.14千米，极半径为6356.755千米，两者相差为21385米。此外，地球的赤道也不是正圆，而类似于椭圆，最大半径与最小半径相差200多米。同时，地球的北半球要比南半球细长一些；北极地区的大地水准面（即平均海平面）比参考扁球体要高出10米左右，南极地区则要凹进去30米左右。因此，地球既不像橘子，又不像西瓜，也不像梨，而是一个具有独特形状的不规则的椭球体。

我们应该怎样保护地球的环境呢？

地球上生命的开始

大约38亿年前，地球上出现了海洋，海洋渐渐演变成生物可以生存的环境。

紧接着，地球上最早的生命体——细菌出现了。之后，绿色植物也出现了。绿色植物通过光合作用吸收二氧化碳，释放氧气，使得地球上的氧气越来越多。

渐渐地，地球的环境越来越适宜生物生存，生命体的结构也越来越复杂。地球上相继出现了生活在水里的鱼类，既可以生活在水里、也可以生活在陆地上的两栖动物，在地上爬的爬行动物，在天上飞的鸟类，以及产崽后用乳汁哺育的哺乳动物。

全球变暖危害大

地球的平均温度在慢慢地升高，这是因为空气中二氧化碳的含量不断增多。另外，冰箱、空调等电器中使用的氟利昂也会使地球温度升高。

二氧化碳、氟利昂、空气中的水蒸气都会锁住地球的热量，导致地球的温度不断升高，这种现象叫做全球变暖。

全球变暖会导致冰川融化，使得海平面上升，影响沿海地区人们的生活，同时也会破坏生态系统，导致洪水、干旱等灾害的发生。

我们应该从身边的小事做起，如节约用水、不用一次性木筷、不乱扔垃圾等。

地球的天然卫士
——月球

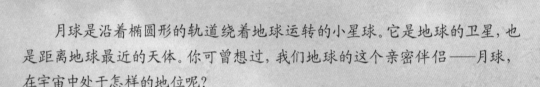

每当你抬头仰望夜空，看到高高悬挂的月亮时，你是否会想，月亮为何挂在空中，会不会掉下来呢？

　　月球是沿着椭圆形的轨道绕着地球运转的小星球。它是地球的卫星，也是距离地球最近的天体。你可曾想过，我们地球的这个亲密伴侣——月球，在宇宙中处于怎样的地位呢？

　　月球是太阳系的卫星队伍中非常普通的一员，靠反射太阳光而发亮。太阳、地球、月球是三种不同类型的天体，分别属于恒星、行星与卫星。它们是与人类关系最密切的天体。

月球的特殊身份证

　　名称　月球、月亮。

　　别名　太阴、夜光、嫦娥、玉兔、金兔、金蟾、广寒宫、桂宫、瑶台镜等。

　　直径　3476千米，约为地球的27%。

　　赤道周长　10920千米，约为地球的27%。

　　体积　220亿立方千米，约是地球的1/49。

　　质量　7340亿亿吨，约为地球的1/81。

　　表面最高温度　约130℃。

　　夜晚最低温度　−170℃～−185℃。

月球的重要地位

　　高挂在天空的月球有用吗？没有月球，我们可以使用路灯。这是否意味着我们可以没有月球呢？

　　事实上，地球不能没有月球。如果没有月球，地球就会变得与现在完全不同。地球的中心有一个假想轴，也就是地轴。月球可以帮助地球固定这个轴。如果没有了月球，地球就会歪斜。那样的话，地球上的生态系统就会被破坏。地球也将转得更快，火山、地震会频繁出现，还会出现巨大的风暴。而地球上的人类及现有的许多生物将有可能无法适应新的环境，而导致灭亡。

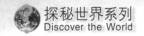
人类第一次登月

1969年7月16日上午，巨大的"土星"5号火箭载着"阿波罗"11号飞船从美国肯尼迪角发射场点火升空，开始了人类首次登月的太空旅行。

美国宇航员尼尔·阿姆斯特朗、埃德温·奥尔德林和迈克尔·科林斯驾驶着宇宙飞船，跨过38万千米的征程，承载着全人类的梦想踏上了登月之程。美国东部时间1969年7月20日下午4时17分42秒，阿姆斯特朗将左脚小心翼翼地踏上了月球表面，这是人类第一次登上月球。

他们在月面上共停留21小时18分钟，采回22千克月球土壤和岩石标本。1969年7月25日清晨，"阿波罗"11号指令舱载着三名航天英雄平安落在太平洋中部海面，人类首次登月宣告圆满结束。

月球上的脚印会消失吗

月球表面覆盖着又厚又细的灰尘。这些灰尘是由大大小小的流星不断地掉落到月球上并与月球表面相撞后所形成的。

美国宇航员第一次登上月球时，在厚厚的灰尘上留下了人类的第一个脚印。由于月球上没有空气，没有水，没有风，也没有雨，所以月球上的这个脚印，到现在都没有消失。

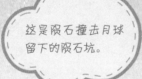

这是陨石撞击月球留下的陨石坑。

月球上有海洋吗

在地球上仔细观察月球，我们能看见一些暗灰色的部分。科学家通过望远镜观察后，猜测这些阴暗的部分可能是水，于是就把这些部分想象成海洋。

直到"阿波罗"11号宇宙飞船登上月球，宇航员才发现，月亮上并没有海洋。

那么，这些暗灰色的部分是什么呢？实际上，这是一些面积大小不一的低洼平原。由于它们的地势比较低，又是由岩浆凝固而成的，所以反射的太阳光比较少，看起来比其他部分要暗一些。

月球表面坑坑洼洼的大坑是什么？

明月几时有

为什么月亮的形状会发生变化？什么时候才能看到满月呢？

月有阴晴圆缺

大诗人苏东坡曾说过"人有悲欢离合，月有阴晴圆缺"。月球的形状真的变幻莫测吗？它是不是有一根魔法棒，能让自己有时变大，有时又变小？

其实，月球只有一个形状，那就是球形。我们看到月球的样子之所以会变化，是因为月球绕地球旋转时被太阳光照射的部分每天都在变化。因此，从地球上看起来，月球的形状也就不停地发生变化了。

月球的每个模样都有一个好听的名字。它会从新月变成上弦月，从上弦月变成满月，从满月变成下弦月，最后变成残月。

因为月球绕地球转一周大概需要一个月，所以月球的模样会以一个月为周期，发生变化。

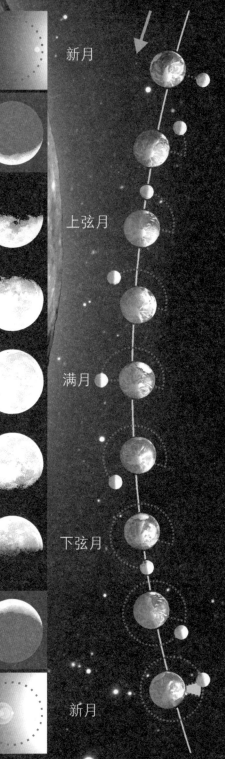

新月

上弦月

满月

下弦月

新月

有趣的"新月抱旧月"

在农历每个月的娥眉月阶段，也就是月初的初三、初四，或月末的二十七、二十八，即使弯弯的娥眉月，也很亮。这时，月球的其他部分也不是完全黑暗的，而是有点微微的亮光，月面的环形山、月海等，还可以隐约地看到一些。这种隐约可见的微光称为"灰光"。有人也将这种现象称为"新月抱旧月"。

那"灰光"是怎么产生的呢？原来，地球在这里起了镜子的作用。灰光，其实是从地球反射过去的太阳光。因此，这些灰光有时带点浅蓝色，有时带点泥土色。这实际上与地球的反射面的性质有些关系。当太平洋、大西洋等区域对着月球时，灰光就呈现浅蓝色，当非洲撒哈拉沙漠、亚欧大陆等对着月球时，灰光则显现浅黄色。

"十五的月亮十六圆"

民间有句俗语:"十五的月亮十六圆。"这句话常常被人误解为月球最圆满的时刻往往不在十五日之夜,而是在十六日的晚上。其实这是一种错误的观点,这句话的意思是十五、十六的月球都可能是最圆的。

从地球上看,月球和太阳正好处于相对位置的时候,我们才能看见满月。但是,月球是沿着椭圆形的轨道绕地球转动的,它与地球的距离有时近,有时远。由于万有引力的作用,离地球近的时候,月球会运行得快点;离地球远的时候,它会运行得慢些。如果月球在前半个月运行得快了,就会准时达到满月的位置,在农历十五的时候月球看上去就是最圆的。如果运行得慢了,月球会在农历十六甚至是十七才到达满月的位置,所以也就出现了"十五的月亮十六圆"这样的说法。

"天狗食月"

"天狗食月"，也就是发生了月食现象。因为古代的人不能科学地解释这一现象，以为是天上的神狗在吃月亮，才有了这样的俗语。

月食一般发生在农历十五前后，这是一种特殊的天文现象。当地球转到太阳和月球之间时，太阳、地球、月球几乎在同一条直线上。此时，从太阳照射到月球的光线，会被地球的本影所掩盖，于是就形成了月食。

当月球被地球的本影全部掩盖时，就发生了月全食；若一部分被掩盖，就发生了月偏食。每年发生月食的数量一般为2次，最多发生3次，有时1次也不发生。

月亮上的一天

地球上一天是24小时，那月球上的一天是多久呢？月球自转一圈大概需要27.3天，所以月球上的一个白天差不多相当于地球上的14天，月球上的一个夜晚也差不多相当于地球上的14天。所以月球上的一天，大概为地球上的一个月时间。

月球上日夜温差可大了，你知道到底有多大吗？

月球上白天的气温会上升到125℃，到了晚上会降到-170℃。

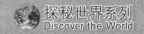
划过天空的美丽流星

你见过流星吗？有没有对着流星许过愿呢？

夜空中偶尔会有一闪而过的星星，那就是流星。古时候，人们认为天上出现一颗流星，就意味着地上有一个人死去。其实，这是没有科学依据的。

宇宙中飘荡着大量的星际尘埃和微小的固体颗粒，它们有些是小行星碰撞产生的碎片，有些是彗星留下的物质。这些物质在接近地球时，由于受到地球引力的摄动而被地球吸引，从而进入地球大气层，并与大气摩擦燃烧，在星空中划出一道光迹而迅速消失。这就是我们看到的流星。

流星的命运

流星进入大气层后，个头小一点的很快就被燃烧成灰烬了，个头大一些的如果没有被燃烧完，就会穿过大气层，形成陨石掉在地球表面。

至今为止，全世界搜集到的陨石样品已近3000块。世界上最大的一块陨石重1770千克，它是1976年3月8日陨落在我国吉林省的陨石中的一块。在我国新疆曾降落过一块陨铁，重30吨，居世界第三位。

陨石着地时，撞击地面形成了陨石坑。世界上最大的陨石坑是美国亚利桑那陨石坑，直径达1240米，深约170米。经科学家观察分析，这个陨石坑大约是2万年前由一颗直径60余米、重十几吨的铁陨石撞击地面而形成的。

陨石不是地球上罕见的现象。目前，全世界已经搜集到近3000次的陨石物质。在其他行星和卫星的表面也有许多陨石坑，大的陨石坑叫做环形山。据估计，每年落入地面的宇宙物质大约500万吨。

随心所欲的偶发流星

在夜空中看到的单个出现的流星，在时间和方向上没有周期性的规律。这种流星叫做偶发流星。偶发流星没有任何辐射点可言，与流星雨有着本质的不同。

明亮的火流星

火流星看上去非常明亮，像条闪闪发光的巨大火龙，发着"沙沙"的响声，有时还有爆炸声。有的火流星甚至在白天也能看到。

火流星的出现是因为流星的质量较大，进入地球高空大气层后还来不及燃尽就闯入了稠密的低层大气，并以极高的速度和地球大气层剧烈摩擦，产生耀眼的光芒，而且在空中通常会走出S形路径。

火流星消失后，在它穿越的路径上还会留下云雾状的长带，称为"流星余迹"。有些余迹消失得很快，有的则可存在几秒钟到几分钟，甚至长达几十分钟。

你知道流星进入大气层时的速度有多快吗？

壮观的流星雨

不少流星体密集成群，沿同一轨道环绕太阳公转。当这些流星群与地球相遇时，观测者将看到流星接二连三地从天空中的同一点向四面八方"发射"，就像我们看平行的火车铁轨，在远处汇聚在一起一样。这就是壮观的流星雨现象。

为区别不同的流星雨，通常以流星雨辐射点所在的星座给流星雨命名。如每年11月18日前后出现的流星雨，其辐射点位于狮子座中，就被命名为狮子座流星雨。其他著名的流星雨还有宝瓶座流星雨、猎户座流星雨、英仙座流星雨等。

流星雨的重要特征之一是所有流星的反向延长线都相交于辐射点。流星雨的规模大不相同，有的虽然在1小时中只出现几颗流星，但它们都是从同一个辐射点"流出"的，因此也属于流星雨的范畴；有的在短短的时间里，在同一辐射点中能迸发出成千上万颗流星，就像节日中人们燃放的烟花那样壮观。当每小时出现的流星超过1000颗时，称为"流星暴"。

我知道，非常快，大约为每秒30千米，超过声音在空气中的传播速度。

拖着尾巴的彗星

你见过拖着尾巴的星星吗？你知道它叫什么星吗？

彗星的形状很特别，头部尖尖的，尾部常常是散开的，像一把大扫帚。彗星是太阳系中的天体，它是由冰冻物质和尘埃组成的，当这些物质在运动中慢慢靠近太阳时，固体的冰物质开始熔化并被蒸发掉，彗星就是这样形成的。

太阳的热使彗星物质蒸发后，在冰核周围形成朦胧的彗发和一条稀薄物质流构成的彗尾。许多彗星都沿着扁长的轨道绕太阳运行，人们可以精确地预言它们露面的时间。

彗星的奇怪结构

"发育"完全的彗星由彗核、彗发和彗尾三部分组成。

彗核是彗星的主要部分，它集中了彗星的大部分质量。彗核外面包裹着一层像云雾一样的东西，称为"彗发"。彗发是当彗星比较靠近太阳时，在阳光作用下，由彗核中蒸发出来的气体和微尘组成的。彗核和彗发合称"彗头"。

当彗星更接近太阳时，彗发会变大，并会在太阳风和太阳光的压力下，将彗发中的气体和尘埃推向后方，形成一条长长的像大扫帚那样的尾巴，叫"彗尾"。因此，彗尾总是背着太阳，而且彗星离太阳越近，彗尾就越长。

彗星的形成

形状奇特、出没无常的彗星究竟是怎样形成的呢？

1796年，由法国天文学家拉普拉斯所著的《宇宙体系论》一书出版，为我们解开了这个谜团。他认为彗星是由太阳系外的星际云物质形成的。遥远的星际云物质由于受到临近恒星的影响，再加上行星与太阳引力的拉扯，最终被吸进太阳系并形成彗星。

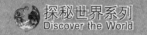
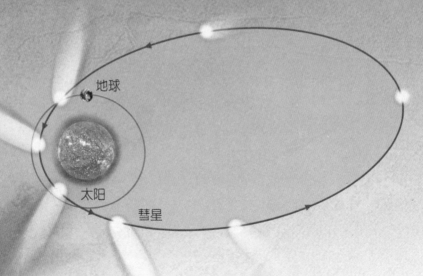

地球

太阳

彗星

体积庞大称第一

彗星的体积非常庞大，在太阳系里没有任何一个天体可以和它相比。大的彗星，彗头的直径就有185万千米，相当于地球直径的145倍；小的彗星，彗头的直径也有13万千米，是地球直径的10倍多。至于彗尾，一般都有5000万千米到2亿千米长，最长的可达3.5亿千米。

你知道哈雷彗星绕太阳公转的平均周期为多少年吗？

周期运动的彗星

很多彗星都沿着一条椭圆轨道绕太阳定期公转，一般来说，轨道为椭圆形的彗星是一颗"周期彗星"。每隔一定的时间，周期彗星会运行到离太阳和地球较近的地方，由此我们便可以看到它。周期彗星又分为短周期彗星和长周期彗星两类。周期短于200年的称为"短周期彗星"，长于200年的称为"长周期彗星"。

如果彗星的轨道是抛物线或者双曲线，那它们只能接近太阳一次，之后就永不复返了，这样的彗星叫做"非周期彗星"。它就像过路的客人，出现一次以后就再也不回来了。

彗星点将台

　　到1982年底为止，人类记录到的彗星共有1700多颗，其中有710多颗已计算出公转轨道。世界上著名的彗星有哈雷彗星、海尔—波普彗星、恩克彗星等。哈雷彗星是第一颗被人类计算出轨道并预报回归周期的大彗星。海尔—波普彗星于1995年被发现，当时距离地球约9.3亿千米。恩克彗星是周期最短的彗星，它于1818年被发现。

哈雷彗星的荣耀

　　1066年，诺曼人入侵英国前夕，正逢哈雷彗星回归。当时的人们怀着一种复杂的心情，注视着夜空中这颗拖着长尾巴的古怪天体，认为是上天给予的一种战争警告和预示。后来，诺曼人征服了英国，诺曼统帅的妻子把当时哈雷彗星回归的景象绣在一块挂毯上以示纪念。

我知道，是76年。下次哈雷彗星回归之日是2061年7月28日。

宇宙中的
枪林弹雨

小行星是比行星小的天体吗？它们究竟是什么呢？会与地球相撞吗？

地球犹如在枪林弹雨中穿行

在地球的周围，有许许多多的小行星、彗星在不停地飞转着。这些可以飞到地球公转轨道附近的小行星，被称为近地小行星。已经被人类所发现的400多颗近地小行星中，直径在1000米以上的就有近百颗。这些小行星，许多是在它们飞近地球，或者做了地球上的不速之客时才被发现的。据推测，地球周围尚有90%以上的直径达1000米以上的近地小行星未被发现。而直径在50米以上的小行星，其数量竟高达100万颗！可见，在近地轨道上运行的小行星，数量是多么巨大！这些数以百万计的小行星，在地球周围空间织成了一张密密的"蜘蛛网"，我们的地球，就在这网中穿行。

对于地球来说，如果与这上百万颗小行星中的任何一颗相撞，都将带来或大或小的灾难。有些小行星是结伴而行的，一旦冲向地球，地球将遭受多重打击。

第1颗小行星与第1000颗小行星

　　1801年1月1日晚上，朱塞普·皮亚齐在西西里岛上巴勒莫的天文台内，在金牛座里发现了一颗在星图上找不到的星。他开始在望远镜里跟踪观察这颗星。看起来它是在火星和木星之间的一颗星，因为它的运动比火星慢得多，又比木星快得多。在此后数日内，皮亚齐继续观察这颗星。后来，皮亚齐生病了，无法继续观察这颗星。当他再次回到望远镜旁的时候，这个天体因离太阳太近而无法继续观测。在这一时刻，高斯推出了一个只从三个适当的空间位置计算轨道的新方法。根据皮亚齐的观测，这颗行星的轨道算出来了。就在这时，这颗行星也重新找到了，并且证明它确实在火星和木星的轨道之间。这个新天体以和西西里密切相关的罗马女神的名字取名为谷神星。可是，这颗行星非常暗；考虑到它的距离，它一定很小。无论如何，当时的天文学家都不认为它是一颗真正的行星，而是一颗似行星，或称为小行星。

　　目前，位于木星和火星之间已知的小行星超过1600颗，因此皮亚齐发现的不只是一颗行星，而是整整一圈行星。可是在皮亚齐去世的时候，已知的小行星数目还只有4颗。1923年，天文学家发现了第1000颗小行星，为纪念皮亚齐，天文学家把它命名为皮亚齐亚，意为皮亚齐星。

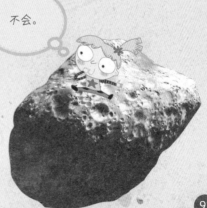

91

千奇百怪的命名

小行星的命名权属于发现者。

早期人们喜欢用女神的名字命名，但随着越来越多的小行星被发现，最后古典神的名字都用光了。因此，后来的小行星以发现者的夫人的名字、历史人物或其他重要人物、城市、童话人物名字或其他神话里的神来命名。比如：小行星216是以埃及女王克里欧佩特拉来命名的，小行星719阿尔伯特是以阿尔伯特·爱因斯坦来命名的。

小行星会与地球相撞吗？

小行星真的会与地球相撞吗？一旦小行星与地球相撞，地球会变成什么样子呢？会不会带来巨大的甚至是毁灭性的灾难呢？

1988年4月15日，一颗直径10米左右的小行星在南太平洋上空撞向地球，在空中爆炸成碎片。这次撞击的全过程被人造卫星记录下来。

有些小行星距离地球的轨道非常近。大约6500万年前，一颗巨大的小行星与地球相撞，引起大爆炸，致使在墨西哥的尤卡坦半岛附近，形成了一个直径为200千米的巨大陨石坑。这次爆炸几乎将数以万亿吨的尘埃带入空中，遮天蔽日达数月之久。科学家们推测，这次爆炸的结果可能造成了大量物种的灭绝。

大大小小的小行星

小行星是太阳系内环绕太阳运动，而体积、质量比行星小得多的天体。因为太小了，所以在地球上看不见。小行星由岩石构成，上面没有大气层。大多数小行星是一些形状不规则、表面粗糙、结构松散的石块。迄今为止，天文学家在太阳系内一共已经发现了约70万颗小行星。太阳系中的大部分小行星的运行轨道位于火星和木星之间，但这可能仅是所有小行星中的一小部分。

微型小行星只有鹅卵石一般大小。只有少数小行星的直径大于100千米。到20世纪90年代为止，最大的小行星是谷神星，但近年在古柏带内发现的一些小行星的直径比谷神星要大。比如，2000年发现的"伐楼拿"的直径约为900千米，2002年发现的"夸欧尔"直径约为1280千米，2003年发现的"塞德娜"位于古柏带以外，其直径约为1500千米。

壮丽的星空

夏天夜晚的星星比冬天夜晚的星星多吗? 为什么会这样呢?

星星的仙语

刘禹锡有首描写星星的诗, 名叫《杂歌谣辞·步虚词》: "华表千年鹤一归, 凝丹为顶雪为衣。星星仙语人听尽, 却向五云翻翅飞。" 诗人将星星的神秘感表露无遗, 同时也写出了诗人向往理想社会的美好愿望。

繁星点点的夏夜星空

晴朗的夏夜, 一抬头你就能看到满天星斗。你想知道夏季的天空中有哪些星星吗? 读一读下面的儿歌, 你就知道了。

斗柄南指夏夜来, 天蝎人马紧相挨;

顺着银河向北看, 天鹰天琴两边排;

天鹅飞翔银河歪, 牛郎织女色青白;

心宿红心照南斗, 夏夜星空记心怀。

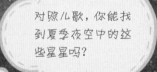

对照儿歌，你能找到夏季夜空中的这些星星吗？

那我得试一试。

壮丽的冬季星空

在一年四季之中，冬季星空最为壮丽。

冬季是一年四季中亮星最多的季节。最引人注目的，当然是高悬于南方天空的猎户座。其中夹在红色亮星参宿四和白色亮星参宿七之间的三星最为吸引人。顺着三星向南偏东寻去，可找到全天最亮的天狼星。在参宿四的正东，还有一颗亮星南河三。参宿四、天狼星和南河三组成著名的"冬季大三角"。

为什么夏夜的星星看上去比冬夜的星星多

如果你仔细观察星空，你会发现，夏夜的星星看上去比冬夜的星星多得多。星星为什么一会儿多，一会儿少呢？它们是消失后又生成了，还是被什么东西挡住了呢？

其实，这与银河有关。银河是由无数星星组成的。据天文学家统计，整个银河系有1000多亿颗星星。地球绕着太阳在不停地转动，公转一周需要1年的时间。夏天，地球正好转到银河中心与太阳之间，银河系最阔、最密、最亮的中心部分正好出现在夜晚的天空里，因而夏天看到的星星特别多。冬天，地球转到银河边缘与太阳之间，白天才面对银河的中心部分，由于阳光强烈，肉眼看不见星星，晚上人们看到的只是银河薄薄的边缘，而位于那个区域的星星特别少。所以，冬天夜空里的星星比夏天稀少。

星星会永远发光吗

星星会永远发光、发亮吗？当然不会。星星也会在某个瞬间开始不再发光，并在宇宙中消失。

那些个头比较大的星星经过数十亿年后，慢慢就会黯淡下来。但有的时候，这些星星会突然变得很亮，然后又会变暗。这叫做"超新星"。恒星到了老年阶段就会发生爆炸而形成新星或超新星。

经过几次爆炸以后，恒星会在某一瞬间引起超级规模的爆炸，粉身碎骨，散落在宇宙空间里，从此消失殆尽。

星星虽然会消失，但并不是冬天消失，夏天又出现。所以，星星生命周期的变化与夏夜星星比冬夜的多这一现象无关。

越亮的星星离地球越近吗

我们看近处的物体往往比看远处的物体要更清晰。这是不是意味着，我们看到的最亮的星星是离地球最近的星星，而看起来比较模糊的星星是离地球比较远的星星呢？

其实，这种观点是错误的。星星之间的亮度差距很大，离地球最近的星星并不是最亮的星星。有的星星虽然离地球很近，但是看上去很模糊。有的星星本身很亮很亮，但是由于离地球实在太远了，所以看上去也就黯淡了。

好莱坞星光大道

　　好莱坞星光大道是由南卡罗来纳州艺术家奥立佛·威斯慕拉于1958年肇建的，他的目的是让好莱坞的形象得以提升。肇建之初，许多受奖人因在各领域有所贡献而领取好几枚星形奖章，然而近几十年来此举已不再出现，因此只有早期极少数的受奖人得到超过一颗星。1978年，洛杉矶认定星光大道为一项文化历史地标。在好莱坞与藤街上有颗特别的"环状星"，其四个角落用来纪念"阿波罗"11号太空船上的三位宇航员尼尔·阿姆斯特朗、迈克尔·科林斯以及埃德温·奥尔德林，以及整个"阿波罗"11号登月计划团队。

香港星光大道

　　香港星光大道是香港尖沙咀海岸的一段海滨长廊，位于梳士巴利花园南端至新世界中心之间。香港星光大道整体仿照好莱坞的星光大道，是为了表扬香港电影界的杰出人士而修建。

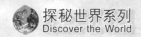

星星的座位

小朋友们在教室里都有自己的座位，那星星在天上有自己的座位吗？

天上的星座数目

目前，国际天文联盟根据星座在天空中的不同位置和恒星出没的情况，把整个星空划成五大区域，共88个星座，即北天拱极星座（5个）、北天星座（19个）、黄道十二星座（12个）、赤道带星座（10个）、南天星座（42个）。

你知道黄道十二星座分别是哪十二个吗？

白羊座、金牛座、双子座、巨蟹座、狮子座、处女座、天秤座、天蝎座、射手座、摩羯座、水瓶座、双鱼座。

给星座起名的第一人

人类肉眼可见的恒星约有6000颗，每颗均可归入一个星座。每个星座可以由其中的亮星构成的形状加以辨认。基本上，恒星组合形成的星座是一个随意的过程，但在不同的文明中大致相同。

最早给星座起名字的人是美索不达米亚地区的闪族牧童们。公元前3000年左右，在夜晚的时候，牧童们一边守着羊群，一边观察夜空中的星星。他们把较亮的星星相互连接起来，连成各种动物，并为这些连接在一起的星星起名，如金牛座、巨蟹座。

8、9世纪的阿拉伯学者也曾经给星座起过名字。之后，古希腊人又以神、英雄和动物的名字给星座命名。

满天星座

天空中的星斗密密麻麻，数也数不清。怎样才能辨认它们呢？为了便于认星，人们按空中恒星的自然分布，用假想的线条连接同一星座内的亮星，形成各种图形，然后根据它们的形状、划成的若干区域，分别以近似的动物、器物，赋予它们相应的名称。这些区域大小不一，每个区域叫做一个星座。

这些星座，犹如地球上大大小小的许多国家。每个星座中都有许多星星，恰似一个国家中众多的城市和村镇。这为我们辨认繁星密布的星空，提供了极大的方便。

恒显星、恒隐星与出没星

整个天空共有88个星座，但在某一固定点观测，通常人们只能看到其中的一部分。

从理论上来说，位于赤道的观测者能看到整个星空，因为随着地球自转的过程，在那里的观测者几乎能看到所有方向的星星。但在其他纬度区域，观测者只能看到大半个星空。

就拿北半球的观测者来说，不论怎样随地球自转，南极上空的一部分星空始终在地平线下，他是看不见的；而北极星周围的一部分星空却永远在地平线之上，至于另外的天体，有时在观测者所在地的地平线上，有时却转入地平线下。也就是说，这些方向上的星星在所在地的地平线上下每日东升西落。

我们把永不没入地平线之下的那部分恒星，称为当地的"恒显星"；把永不升至地平线之上，即永不可见的那部分恒星，称为当地的"恒隐星"。在恒显区和恒隐区之间的恒星，即每天在当地地平线出没、升落的星星称为"出没星"。

四季不同的星座

　　每当夜幕降临的时候，如果天空中没有云层遮挡，我们仰望天空，就可以看到不同的星座。不过，一年四季我们看到的星座是有所不同的。

　　春季的星空，我们可以看到大熊座、小熊座、狮子座、牧夫座、室女座、半人马座等星座。

　　夏季的星空，我们可以看到天秤座、天蝎座、人马座、天鹰座、天琴座、天鹅座等星座。

　　秋季的星空，我们可以看到仙后座、仙王座、仙女座、双鱼座、白羊座、摩羯座等星座。

　　冬季的星空，我们可以看到双子座、猎户座、巨蟹座、小犬座、御夫座、英仙座等星座。

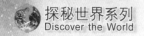
星座的 美丽传说

听了神话中牛郎织女的故事，你知道牛郎星和织女星是怎么回事吗？

天琴座上的主星

织女一，又名织女星，它和附近的几颗星连在一起，形成一架七弦琴的样子，西方人把它叫做天琴座。织女星是天琴座的主星。

织女星是除了太阳之外，第一颗被天文爱好者拍摄的恒星，也是第一颗拥有光谱记录的恒星。

织女星的年龄只有太阳的十分之一，但是因为它的质量是太阳的2.1倍，因此预期它的寿命也只有太阳的十分之一。织女星表面的温度约为8900℃，呈青白色。它是北半球天空中三颗最亮的恒星之一，距离地球大约有26光年。

织女星

织女星系的发现

据英国《星期日泰晤士报》2003年11月30日报道，英国皇家天文台天文学家宣称，他们已经发现重要证据，证明在织女星系中至少存在一颗气体行星和类似地球的行星。

织女星系的图像显示，在它的周围环绕着一圈温度低至-180℃的宇宙尘埃，并以一种很不规则的形态绕织女星运转。这个不规则的尘埃圆环告诉人们，那里一定存在着许多行星，正是行星的存在导致了尘埃环的不规则现象。

据报道，美国国家航空航天局已于2007年启动"开普勒计划"，向太空发射专门寻找"第二地球"的太空望远镜，来解答人们心中的疑问。

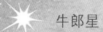
牛郎星

七月初七乞巧节

农历七月初七，不仅是牛郎织女相会的日子，而且也是古代妇女向织女星神乞求智慧的日子。织女星作为民间传说里的纺织女神，她是古代劳动妇女勤劳智慧的象征。古时候，在这天晚上，家家户户的妇女会通过结扎彩丝线这样的女红活动来祭祀织女，希望从她那里得到智慧，所以七月初七，又被称为"乞巧节"。

织女星

天鹰座上最明亮的星

河鼓二，又叫牛郎星，是天鹰座中最明亮的恒星，可以在北半球的夜空中清楚地用肉眼看到。这颗恒星比太阳更热、更年轻，牛郎星距离地球大约16光年，直径约是太阳的2倍。它的表面温度在7000℃左右，呈银白色。

牛郎星的两侧各有一颗较暗的星，分别称为河鼓一、河鼓三，它们与河鼓二合称为"河鼓三星"。河鼓三星像一根长长的扁担，所以民间又叫它"扁担星"。

牛郎星赤道区域的自转速度高达每小时102.7万千米，大约是太阳自转速度的60倍。因此，牛郎星不像太阳那样是个几乎完美的球体，它的快速自转让它的"腰围"明显胖出一圈，成了一个扁扁的椭球体。

遥遥相望的牛郎织女

在织女星的旁边，有四颗星星构成一个小菱形。传说这个小菱形是织女织布用的梭子，织女一边织布，一边抬头深情地望着银河东岸的牛郎（河鼓二）和她的两个儿子（河鼓一和河鼓三）。而牛郎(河鼓二)在扁担的中间，两头挑着他的两个儿子，一直在追赶织女。

牛郎星

见不到面的牛郎织女

　　牛郎星和织女星隔着银河遥遥相望。古代传说牛郎织女在每年的农历七月七日会在鹊桥相见。实际上牛郎星和织女星相距16光年,就算没有银河阻隔,乘坐现代最强大的火箭,几百年后他们也不会相会。

夏季大三角

　　在夏季的星空中,牛郎星、织女星和天津四三颗亮星构成了一个醒目的大三角形,称为"夏季大三角"。牛郎星位于大三角形的南端。这个大三角形是寻找夏季星座的重要标志。到了夏末秋初之时,在上半夜大三角形及其附近的银河一起升到天顶附近。这时牛郎星和织女星在天空中的位置较高,是观测它们的好季节。

坐看牵牛织女星

　　中国唐代著名诗人杜牧在七夕时节写了绝句《秋夕》:"银烛秋光冷画屏,轻罗小扇扑流萤。天阶夜色凉如水,坐看牵牛织女星。"诗人写出了七夕时节秋夜深宫中宫女摇扇仰望星空的景象。

全天最亮的天狼星

你知道全天最亮的恒星是什么星吗？怎样才能找到它呢？

天狼星

冬春两季的上半夜，在偏南方向的天空中，可以看到一颗全天最亮的恒星——天狼星，它的学名叫大犬座α。它那耀眼的光辉，特别引人注目。

天狼星即大犬座阿尔法星，它与大犬座其他一些比较亮的星构成了一只犬的轮廓，天狼星就在这只犬的嘴巴上。

亲密的天狼星两兄弟

天狼星其实是一对相互绕转的双星，人们要用高倍望远镜才能分辨出来。

最亮的主星 天狼星的主星比伴星亮1万倍，所以，肉眼看到的天狼星的光几乎都来自这颗主星。

天狼星的主星是颗比较普通的蓝白星，质量、直径仅是太阳的两倍左右，光度为太阳的20余倍。由于它距离地球很近，仅8.7光年，因而在我们看来，它的亮度名列第一。

幽暗的伴星 幽暗的天狼星伴星在天文学史上举足轻重。根据牛顿的力学定律和天狼星主星的运动轨迹，人们早就预言它的存在。1862年，人们用较大的望远镜果真在理论预告的位置上发现了这颗十分暗弱的星，这是牛顿力学在恒星世界中首次成功应用的范例。

后来，人们还发现，虽然它的发光量只有主星的万分之一，但它的表面温度与主星一样，高达10000℃。这颗伴星的个头虽然很小，但质量并不小，几乎和太阳相当。可见，它的密度很大。

像天狼星伴星这种低光度、高温度、高密度的恒星，称为白矮星。天狼星的伴星是历史上第一颗被发现的白矮星。

星空中寻找天狼星的诀窍

天狼星只有在冬天或早春的星空才容易被人们观测到。寻找天狼星有以下几种方法。

先找到猎户座，然后顺着猎人腰带三星往东南方向巡视，可以看到一颗闪耀着蓝白色光芒的、格外明亮的星。这就是夜空中最亮的天狼星。

猎户座左上的亮星参宿四正东有一颗较亮的南河三，以南河三与参宿四的连线向南作垂直平分线，垂直平分线的交点就与天狼星相交。参宿四、天狼星和南河三组成著名的"冬季大三角"。

每年大年初一22时左右，若天气晴朗，只要往南方天空望去，最亮的一颗星就是天狼星。

你知道天狼星位于哪个星座吗？

我知道，天狼星位于大犬座。

古埃及人心中的天狼星

古代埃及的人们特别崇拜天狼星，因为这颗星与古埃及人的生活、生产的关系十分密切。每当天狼星在黎明时分从东方地平线升起的时候，正是每年尼罗河泛滥的季节。这时春回大地，埃及人开始了一年一度的播种季节。

播种粮食后，天狼星比太阳东升的时间逐日提早。过了365天，天狼星又与太阳一起东升，尼罗河再次泛滥，又迎来了新的一个播种年。由于天狼星的出没运行与古埃及人的生产活动息息相关，因此它在古埃及人的心目中占有特殊的重要地位。

《哈利·波特》中的小天狼星

小天狼星布莱克是《哈利·波特》中哈利的教父，是哈利父亲的好友。

布莱克出身于传统而高贵的布莱克家族，但在青年时就离家出走。后来，布莱克与哈利相认，并成为哈利的教父。最后，在魔法部神秘事务司一战中，他被堂姐贝拉特里克斯杀死。

Discover the World

母子情深的 大熊星座与小熊星座

为什么说大熊座会报春呢?

大熊座是北方天空中最明亮、最重要的星座之一。大熊座的星星被想象为一只大熊的形象。在星图上,北斗七星的斗柄是大熊的长长的尾巴,斗勺的四颗星是大熊的身躯,另一些较暗的星构成了大熊的头和脚。

大熊星座

大熊报春

大熊星座有100多颗肉眼可见的星星,其中有6颗二等星,6颗三等星,其他还有不少四等星。6颗二等星都分布在"北斗"上,所以北斗七星在大熊座中特别醒目。春季的黄昏后,这只大熊高高地倒挂在北方的夜空中,尾巴(即斗柄)指东。因此,中国古代人民把大熊座看做报春的星座。

小熊星座

大熊座的美丽故事

在古希腊神话中,关于这头大熊的来历,还有一个相当哀婉、凄惨的故事。

月亮女神阿尔特弥斯有个名叫卡丽丝托的侍女,是众多侍女中最美的一个。她手持金光闪闪的长矛,背负灵巧有力的弓弩,经常跟随在阿尔特弥斯左右。

卡丽丝托被最高的天神——宙斯恩宠,生下了一个男孩,名叫阿卡斯。这事被宙斯的妻子——天后赫拉知道了。她满腔怒火,决定惩罚卡丽丝托。赫拉不仅狠狠地训斥了卡丽丝托,还用法力对她进行了惩罚。忽然间,卡丽丝托白皙的双臂变成了长满黑毛的利爪,娇红的双唇变成了血盆似的大口。这个美丽的女人一下变成了一头粗壮可怕的大母熊。可怜的卡丽丝托从此以后只得离开自己的同伴和孩子,孤独地在荒山野岭中到处漂泊,再也不敢回到原先的住处了。

后来,这件事被宙斯知道了,深感内疚的宙斯就把大熊提升到天上,成为大熊星座。

小熊座的尾巴尖上有一颗从来不移动的星星，你知道那是什么星吗？

我知道，那是北极星。

检测视力的双星

大熊座中有一颗著名的双星，中国古代称它们为开阳星和辅星。它们常被人们用来检查视力。在晴朗的夜晚，如果能用肉眼看到开阳星旁的辅星，就表明你的视力很好。

天文学家通过观测发现，开阳星和辅星虽然看上去彼此靠得很近，其实距离很远。像这种看上去在一起、实则互不相干的双星或聚星，在宇宙中有很多很多。

大熊之子——小熊座

小熊座紧挨着大熊座，它由28颗六等以上的星星组成，其中小熊座α星就是著名的北极星。北极星与其他六颗相对显著的星星，排列成类似北斗七星那样的小勺子，只是这只"勺子"较小，勺子的形状和勺柄弯曲的方式与北斗七星有所不同，北极星位于斗柄的端点。小熊座这七颗星星中，只有两颗明亮的二等星，其他都是较暗的星。因此，小熊座不如北斗七星那样耀眼。

观看大熊座的最好时节

在地球上不同纬度的地区，所能看到的星座是不一样的。在北纬40°以上的地区，也就是北京和希腊以北的地方，一年四季都可以见到大熊座。不过，春天的大熊座正在北天的高空，是四季中观看它的最好时节。

小熊座的美丽故事

小熊是大熊卡丽丝托的儿子阿卡斯。卡丽丝托被宙斯的妻子赫拉所害变成一只大熊后，在悲哀和痛苦中度过了15年。

卡丽丝托的儿子阿卡斯长大了，成为一名英俊出色的猎手。一天，阿卡斯在林中打猎，被他的母亲卡丽丝托看见了，她忘记了自己已经是熊身，便伸开双臂准备拥抱自己的儿子。但阿卡斯不知道这只大熊是自己的母亲，他急忙举起手中的长枪，准备刺向大熊。这时宙斯在天上看见了这一幕，他担心阿卡斯会杀死母亲，便用法术把阿卡斯变成了一只小熊，将它变成小熊座。

赫拉看到卡丽丝托母子都被弄到天上，嫉妒之心油然而生。她去请自己的哥哥——海神波塞冬帮忙，永远不让卡丽丝托母子从天上下海来休息喝水。于是，母子俩只得永远在北极上空转圈，永远不能下海。

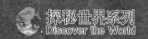
大熊星座的尾巴
——北斗七星

你知道北斗七星是哪七星吗？为什么它叫北斗七星呢？

　　夏日的夜晚，北半球的人们仰望北方星空，可以看到一组十分醒目的星星，它们在天空排列成一个勺子形状，所以称为北斗，也叫北斗七星。

　　有人会把这七颗星称为"大熊星座"。这是一种误解，其实它们只是大熊星座的一部分。从图形上看，北斗七星位于大熊的尾巴部位。

指明方向、指示季节

　　北斗七星不仅能帮助人们判断方向，而且能指示不同的季节。北斗七星从斗身上端开始，到斗柄的末尾，按顺序依次命名为α、β、γ、δ、ε、ζ、η，我国古代分别把它们称作天枢、天璇、天玑、天权、玉衡、开阳、摇光。

　　从"天璇"通过"天枢"向外延伸一条直线，大约延长5倍多些，就可以找到北极星。北极星的方向，就是地球的正北方。季节不同，北斗七星在天空中的位置也不尽相同。

斗转星移

　　如果你经常注意观测星象的话，就可以发现，北斗七星中斗柄的指向终是在不停地旋转着，这就是所谓的"斗转星移"。如果天黑时斗柄向右（东），午夜时斗柄就向上（南），而在黎明前，斗柄就向左（西）了。

　　你要是在每天晚上的同一时刻都注意观测的话，还会发现，在一年中的不同日子里，斗柄的指向也不相同。因此，我国古代人民就根据它的位置变化来确定季节：斗柄东指，天下皆春；斗柄南指，天下皆夏；斗柄西指，天下皆秋；斗柄北指，天下皆冬。

天璇

天玑

天枢

天权

玉衡

开阳

摇光

专管考试的"文曲星"

在中国古代，北斗七星斗身的α、β、γ、δ四颗星称做"魁"。魁就是传说中的文曲星。古代，文曲星是主管考试的神。在科举时代，参加科举考试是贫寒人家子弟出人头地的唯一办法。每逢大考，有许多考生会仰望北斗，默默许愿，希望能高中状元。

北斗七星的形状不变吗

北斗七星始终在天空中做缓慢的相对运动，其中的五颗星以大致相同的速度朝着一个方向运动，而"天枢"和"摇光"则朝着相反的方向运动。因此，在漫长的宇宙变迁中，北斗星的形状会发生较大的变化。大约10万年以后，北斗七星就不是现在这种勺子的形状了。

英雄化身的传说

传说，北斗七星是七位英雄的化身，其中那颗最明最亮的星星，是这七颗星星的老大。他原来就是天上的一位使者。

这位使者从天上来到人间游逛，遇见了六个能人。他们各怀本领，有力大无穷的，有跑步快过马的，有能吞下海洋的，有能吞火的……

他们听说有个可汗要给儿子过生日，就一同去参加，并在生日会所有的比赛中夺得了冠军。可汗气坏了，就设计将他们烧死。想不到那个吞火的人，一口就把大火吞灭了。可汗看看计策不成，就亲自带领精兵强将来捉拿他们。这时候那个能吞下海洋的人轻轻喷了一口水，全城就马上变成一片汪洋，可汗和文武百官都淹死了。

那七个人呢？他们已经来到了最高的山顶上。一道七色彩虹从天上垂下来，与山顶相连。使者对其他六个人说："这是玉皇给我们放下的天梯，我们登着它上天去吧！"于是，他们顺着天梯来到了天上，变成了茫茫星海中最有名的北斗七星。

现在，你知道夜晚怎么寻找方向了吗？

知道了。我们可以在夜空中找北极星，找到了北极星，也就找到了北方。

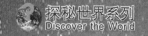

太空狩猎
——牧夫座和猎犬座

传说大熊和小熊逃到天上以后，赫拉又派了猎人牵着猎犬去看守他们。这个猎人和他的猎犬后来变成了什么呢？

在大熊星座的东南方向，有两个紧挨着的"邻居"：东边的是牧夫座，西边的是猎犬座。

牧夫座是北天重要的星座之一，除与大熊、猎犬相邻外，它北邻天龙，东邻北冕和武仙，南接室女座。著名的亮星——大角，就是它的α星。除大角星外，牧夫座的其他星都比较暗弱。所以从总体上看，牧夫座不及北斗七星醒目。牧夫座中的五颗星构成一个用肉眼可以注意到的五边形，它像一只大风筝飘挂在天空，而"大角"恰如风筝下悬着的明灯。

猎犬座是北天星座中的一个小星座，也是最暗的星座之一，其中只有一颗三等星。

大熊与小熊的看守者

在古希腊神话中，猎犬座的星星构成两只向前猛扑的猎犬，而牧夫座的星星被想象为一个猎人。虽然卡丽丝托母子已永远无法下海，可是赫拉还不满足，她又选派一个猎人带着两只凶猛的猎犬，紧跟在大熊和小熊的后面。这个猎人就是天上的牧夫座，而他牵着的两只猎犬就是猎犬座。猎人和猎犬忠实执行神后赫拉交付的任务，紧紧地看守着大熊和小熊。

最美丽的牧夫座大角星

春末夏初之际，人们可以先找到北斗七星，然后顺着北斗的斗柄三星沿弧线方向延长，可以看见一颗很明亮的星。它就是牧夫星座的主星——大角星(牧夫座α星)，是春夜星空中"春季大三角"最亮的顶点。

大角星是全天第四大亮星，北天第一大亮星。它浑身散发着柔和的橙色光芒。每天刚刚升起和将要落下的时候更像是染上了淡淡的红晕，因此它被人们称为"最美丽的星"。

变化莫测的牧夫座流星雨

牧夫座流星雨变化莫测，除了在1916年、1921年和1927年曾经出现过比较大的流量之外，从1928年至1997年的近70年时间里，人们都没有发现过它的较大型活动。

1998年6月27日，牧夫座流星雨突如其来的爆发，每小时100颗以上的流星雨持续长达7个小时。因此，从2000年开始，国际流星雨组织又把牧夫座加回到流星雨列表当中。牧夫座流星雨群中，亮流星所占的比例较大。当该流星雨发生时，你可以较容易地观看到流星。

什么季节能看到牧夫座和猎犬座呢？

我知道，是春季。

难以寻找的猎犬座

从大熊座北斗的α星和γ星引出一条直线，向大角方向延长约两倍，就可以找到猎犬座α星。它与狮子座β星和牧夫座大角星组成了一个等边三角形，通过这个办法也可以找到猎犬座α星。

猎犬座中除了α星和β星外，全都是些暗星，所以用肉眼根本看不出猎犬的样子。

猎犬座球状星团

晴朗无月的夜晚，在猎犬座α星和大角星连线的中点可以找到一颗非常黯淡的星。如果用高倍望远镜观察，你会发现它并不是一颗星，而是由20多万颗星聚在一起的星团。

猎犬座的这个大星团呈球形，直径达40光年，在天文学上叫做"球状星团"。

雄狮升天
——狮子座

狮子座是春季夜空中的大星座,也是12个黄道星座之一,位于室女座与巨蟹座之间。每当日落后,狮子座高挂东方天空时,正是北半球春暖花开的季节。

狮子的心脏

狮子座很容易辨认,我们把北斗七星中天枢和天璇两星的连线,朝着与北极星相反的方向延伸下去,可以看到一颗亮星,名为轩辕十四,这就是狮子座的主星,位于狮子的前胸,古罗马时代称之为"狮子的心脏"。

大镰刀与大三角

主星轩辕十四与附近五颗星组成了问号"？"的相反图形，同时也像镰刀的形状，我们称它为狮子座大镰刀，这把镰刀也就是狮子的前半身部分。

在"大镰刀"的东方，由三颗星所组成的直角三角形，就是狮子的后半身部分。其中狮尾的二等星五帝座一，与牧夫座的大角星及室女座的角宿一连成了一个等边三角形，被称为"春季大三角"。

雄狮升天的故事

在古希腊的神话故事中，狮子座是英雄海格立斯立功的纪念物。希腊神话中有只凶猛的大狮子，住在天神宙斯神殿附近尼米亚森林中，它日夜到处冲撞闹事，伤害人畜，更由于狮皮坚硬，刀枪不入，因此所有的猎人都无法制服它。这时宙斯之子海格立斯决定为民除害，他带着弓箭及橄榄树干做成的粗棍子，冲进狮子的洞穴，先用弓箭射击大狮子，但无法伤害它分毫，接着拿起棍子猛打狮头，但狮头硬得像石头一样，连棍子都被打断了，只好赤手空拳和狮子搏斗，最后海格立斯拼命扼住狮子的喉部，终于使它窒息而死。

为了纪念海格立斯的丰功伟绩，宙斯把这头狮子升到天上列为狮子座。

白羊座

狮子座

金牛座

射手座

水瓶座

摩羯座

狮子座流星雨

大名鼎鼎的狮子座流星雨并不是狮子座上的流星雨。

狮子座流星雨是由一颗叫做"坦普尔·塔特尔"的彗星所抛撒的颗粒滑过大气层所形成的。"坦普尔·塔特尔"彗星绕着太阳公转，同时，它不断抛撒自身的物质，就像洒农药那样，在它行进的轨道上撒下许多小微粒，但这些小微粒分布并不均匀。有的地方稀薄，有的地方密集。这些小微粒很容易受各种因素的影响而慢慢飘散，但在彗星回归时，地球会经过它近期释放出的颗粒稠密区。地球上的人们便会看到大规模的流星雨。

当地球遇上微粒稀薄的地方，出现的流星就少，遇到密集的地方，出现的流星就多。因为形成流星雨的方位在天空中的投影恰好与狮子座在天空中的投影相重合，在地球上看起来就好像流星雨是从狮子座上喷射出来，因此称为"狮子座"流星雨。

由于"坦普尔·塔特尔"彗星的周期为33.18年，所以狮子座流星雨是一个典型的周期性流星雨，它的周期约为33年。

处女座　　　　　双子座

巨蟹座

星座的归类

　　和火有关的星座称为火象星座，包括白羊座、狮子座和射手座，分别以公羊、狮子和弓箭手作为象征，三者都代表了活力充沛和屹立不摇的形象。

　　和风有关的星座称为风象星座，包括水瓶座、双子座和天秤座，分别以倒水侍者、双胞胎和天秤作为象征。这三者都象征着变通、聪明伶俐的形象。

　　和水有关的星座称为水象星座，包括双鱼座、巨蟹座和天蝎座，分别以鱼、螃蟹和蝎子作为象征符号。这三者都有敏感、具有幻想力、神秘的特点。

　　和土有关的星座称为土象星座，包括金牛座、处女座和摩羯座，分别以公牛、处女和山羊作为象征。这三者代表着务实、稳重的形象。

天蝎座

天秤座

双鱼座

你知道狮子座相对应的出生日期是哪几天吗？

7月23日至8月22日。

环绕地球的使者
——人造卫星

什么是人造卫星呢？它有哪些本领呢？

卫星是在宇宙中所有围绕着行星在轨道上运行的天体。环绕哪一颗行星运转，它就是哪一颗行星的卫星。

人造卫星，顾名思义，就是人类自己制造的卫星。科学家用火箭把人造卫星发射到预定的轨道，使它环绕着地球或其他行星运转，以便进行科学探测及研究。人造卫星里没有人，一般只携带有一些简单的观测器材和设备。

人造卫星本领大

科学家根据不同的用途，把人造卫星分成很多种类。

人造卫星带着长长的两片"翅膀"，即太阳能帆板，在宇宙中光荣地履行着自己的使命。它们有的在太空中进行大气物理、天文物理、地球物理等试验或测试，有的在摄取云层图、搜集气象资料，有的在秘密地进行军事侦察工作，有的在转播电视……

椭圆形的人造卫星轨道

物体以每秒7.9千米的速度，从水平方向抛出去，就能够环绕地球运行了。但是，这样还是没有挣脱地球的引力范围，不能飞离地球。如果我们继续增加物体的速度，那么物体虽然还不能挣脱地球的引力作用，但是运行轨道就不会呈圆形，而是被拉成较扁的椭圆形了。速度越快，轨道就变得更扁、更长。

由于发射人造卫星的速度一般总比人造卫星环绕地球运行的速度要大，因此人造卫星的轨道一般呈椭圆形。当然，最大限度是发射速度不能超过每秒11.2千米，否则人造卫星就会摆脱地球的引力而飞出去，像地球一样围绕太阳运行，成为人造行星了。

环绕地球的使者

目前，地球上空已经有上千颗世界各国发射的人造卫星。它们认真地坚守着自己的岗位，完成自己神圣的使命。

为了避免互相碰撞，这些人造卫星都是按一定的轨道各自运转的。一旦出了故障，就会被及时收回，否则将会发生重大的宇宙事故。

我国发送的第一颗人造卫星叫什么？

1970年4月24日，我国发送了第一颗人造卫星——"东方红"一号。

能按预定轨道运行的人造卫星

与飞机不同，人造卫星本身没有发动机，没有驾驶员，因此它一般不能受到人为的操纵。一旦进入太空，人造卫星既不能升降，也不能转弯，速度也不会改变。

当火箭把人造卫星送上高空，火箭的燃料用完后，就同人造卫星分离。这时，由于惯性和地心引力的作用，人造卫星会按一定的轨道继续运行。

那么，怎样才能使人造卫星按预定的轨道运行呢？关键在于掌握好它和火箭脱离并开始进入轨道那一瞬间的速度和方向。一般进入轨道的速度应在每秒8至11千米。在这个范围内，速度越小，轨道就越接近圆形；速度越大，轨道就越长、越扁。速度的大小主要取决于运载火箭的推力和级数：推力越大，级数越多，速度也就越大。卫星进入轨道的方向，就是火箭与卫星脱离时的飞行方向，这一方向可以由地面通过无线电来控制。这样，人造地球卫星就完全按照科学家预定的轨道运行了。

世界上第一颗人造卫星

1957年10月4日，苏联宇航局成功地把世界上第一颗人造卫星送入轨道。这颗人造卫星的直径为58厘米，重达83.6千克。它沿着椭圆轨道飞行，每96分钟环绕地球一圈。这颗卫星内带着一台无线电发报机，不停地向地球发出"滴—滴—滴"的信号。

通天飞行器
——火箭

火箭是会喷火的箭吗？它是怎样飞上天的呢？

火箭是利用发动机向后喷射高温、高压的燃气产生反作用力以获得前进推力，由此向前运动的飞行器。它是目前唯一能使物体达到宇宙速度，克服或摆脱地球引力，将人造卫星、载人飞船送入宇宙空间的运载工具以及其他飞行器的助推器。

火攻武器

根据古书记载，"火箭"一词最早出现在3世纪的三国时代，距今已有1700多年的历史了。当时双方在交战时，士兵把一种头部带有易燃物、点燃后能射向远方、飞行时带火的箭叫做火箭。这是一种用来进行火攻的武器，与我们现在所称的火箭相差甚远。

最原始的固体火箭

到了宋代，士兵把装有火药的筒绑在箭杆上，或在箭杆内装上火药，点燃引火线后发射出去，箭在飞行中借助火药燃烧向后喷火所产生的反作用力使箭飞得更远。于是，人们又把这种喷火的箭叫做火箭。这种向后喷火、利用反作用力助推的箭，已具有现代火箭的雏形，可以称为原始的固体火箭。

火箭怎样飞上天

最常见的火箭燃料是呈固体或液体的化学推进剂。推进剂燃烧后产生高温、高速的气体，从发动机的喷管中喷出后，产生与火箭的喷流方向相反的巨大推力，使火箭在很短的时间内能迅速升入高空。随着燃料不断减少，火箭自身的质量逐渐减小，当它与地球的距离逐渐增大时，火箭受到的地球引力不断减小，这时火箭的速度也越来越快。

由于火箭自身携带燃烧剂与氧化剂，不依赖大气中的氧气助燃，因此火箭既可以在大气中飞行，又可以在外层空间飞行。而喷气式飞机不携带助燃剂，它携带的燃料必须有氧气助燃。所以，火箭可以飞往宇宙空间，而喷气式飞机却不能冲出地球，飞向宇宙。

你知道火箭的速度有多快吗？

把人造卫星送上天的火箭

　　根据火箭的用途，火箭可分为运载火箭、航空火箭、探测火箭、登月火箭等。发射人造卫星时，科学家主要用到的是运载火箭。

　　运载卫星的火箭大多为三级运载火箭。人造卫星就安装在火箭的最顶端，人造卫星的外面有一个起保护作用的整流罩。

　　当火箭点火时，首先是火箭最下端的第一级发动机启动，推动火箭垂直上升。当火箭飞出稠密的大气层后，第一级发动机熄火，然后与本体分离并自动脱落。

　　与此同时，火箭的第二级发动机点火，继续加速。当火箭到达一定高度后，第二级发动机又熄火，并与本体分离且自动脱落。

　　剩下的第三级火箭与人造卫星滑行一段距离后，到达人造卫星的预定轨道附近，第三级发动机熄火，火箭加速后把人造卫星送入预定轨道。

牵着火箭的无形线

火箭飞离发射台后，携带着人造卫星或其他太空飞行器开始了它的征程。为了保证这些太空飞行器按预期的轨道运行，人们必须设置地面测控系统。这就好像放风筝一样，火箭必须被一条无形的线牵着。

地面测控系统需要完成的任务非常多。一方面，当火箭、人造卫星等在天上运行时，要检测它们是否按照事先设计的预定轨道飞行。当人造卫星在太空飞行时，不但要跟踪它的飞行轨迹，了解它所处的位置，而且还要知晓它的工作情况是否正常，以便采取相应的措施加以补救。

目前单级火箭前进的最大速度是4.5千米/秒，多级火箭的速度可以达到7.9千米/秒和11.2千米/秒。

飞往太空的 宇宙飞船

宇宙飞船是会飞的船吗？它可以飞向太空吗？

宇宙飞船是一种运送宇航员、货物到达太空并安全返回的一次性使用的航天器。它能基本保证航天员在太空短期生活并进行一定的工作。它的运行时间一般是几天到半个月，一般搭乘2～3名宇航员。

世界第一艘宇宙飞船

　　世界上第一艘载人飞船是苏联宇航局于1961年4月12日发射的"东方"一号宇宙飞船。它主要由密封载人舱及设备舱组成。密封载人舱又称航天员座舱，是一个直径为2.3米的球体，里面设有能保障航天员生活的供水、供气的生命保障系统，以及控制飞船姿态的姿态控制系统、测量飞船飞行轨道的信标系统、着陆用的降落伞回收系统和应急救生用的弹射座椅系统等。设备舱长约3.1米，直径达2.58米。设备舱内具有使载人舱脱离飞行轨道而返回地面的制动火箭系统、供应电能的电池、储气的气瓶、喷嘴等设备。

中国第一艘宇宙飞船

　　"神舟"一号宇宙飞船是中国发射的第一艘无人实验飞船，于1999年11月20日6时在酒泉航天发射场发射。

　　"神舟"一号宇宙飞船虽然没有宇航员，但是也装载了很多东西：一是旗类，有中华人民共和国国旗、澳门特别行政区区旗、奥运会会旗等；二是各种邮票及纪念封；三是各10克左右的青椒、西瓜、玉米、大麦等农作物种子，此外还有甘草、板蓝根等中药材。

　　"神舟"一号宇宙飞船虽然只飞行了短短21小时就返回了地球，但这次飞行是中国航天史上的重要里程碑。

麻雀虽小，五脏俱全

虽然宇宙飞船是最简单的一种载人航天器，但它还是比无人航天器（如：卫星）复杂得多。以至于到目前为止，只有美国、俄罗斯、中国三国能独立进行载人航天活动。

宇宙飞船与返回式卫星有相似之处，但因为要载人，所以增加了许多特设系统，以满足宇航员在太空工作和生活的多种需要。比如，用于空气更新、废水处理和再生、通风、温度和湿度控制等的环境控制和生命保障系统、报话通信系统、仪表和照明系统、航天服、载人机动装置和逃逸系统等。

宇宙飞船为何不是又宽又大

听起来，宇宙飞船似乎应该像一个庞然大物，其实它的内部并不宽敞。为什么宇宙飞船不能造得又宽又大呢？这是因为发射宇宙飞船需要发射力超强的火箭，而制造一个这样的火箭需要耗费巨大的人力、物力和财力。宇宙飞船造得越大，需要耗费的东西也就越多。

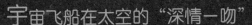

宇宙飞船在太空的"深情一吻"

两艘或两艘以上的宇宙飞船在太空中飞行时连接起来，形成更大的航天器的过程就叫做对接，就像两艘宇宙飞船在太空中"深情一吻"。两艘宇宙飞船可以在太空中实现轨道交会，然后通过专门的对接装置，连接成为一个整体。

2011年11月3日凌晨1时30分，"神舟"八号与"天宫"一号在我国甘肃、陕西上空成功进行对接。2011年11月14日20时00分，在北京航天飞行控制中心的精确控制下，"天宫"一号与"神舟"八号成功进行第二次交会对接。这次对接试验成功，进一步考核检验了交会对接测量设备和对接机构的功能与性能，获取了相关数据，达到了预期目的。

你知道"神舟"八号宇宙飞船与以前的神舟系列宇宙飞船的区别吗？

"神舟"八号宇宙飞船在前期飞船的基础上，进行了较大的技术改进，具备了很多新的功能。

宇宙列车站
——太空站

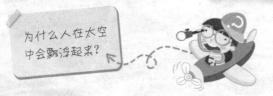

为什么人在太空中会飘浮起来?

　　宇航员到了太空中,会感觉身体特别轻,无法像在地球上那样正常行走,而是飘浮起来。

　　为什么会有这样奇怪的现象产生呢?这是因为太空中没有万有引力。因为万有引力的存在,在地球表面的人们或者附近的物体才不会四处飘移,人们才能够把水倒入杯子里喝,才能拿筷子吃饭。一旦人们进入太空,地球的万有引力几乎为零,这时人们就会飘浮在太空中。

　　因此,宇航员在太空中的环境是很艰苦的。为了让宇航员巡航、长期工作和居住,各国在太空中建立了空间站。太空空间站,并不像火车站、飞机场一样,而是一种载人航天器。由于宇宙飞船太小,无法一次容纳在太空航行期间所需的燃料,所以就需要太空站,用来存放燃料和探测设备,并进行天文观测、地球资源勘探、医学和生物学研究、军事侦察等。

你知道宇航员是用什么来固定物品的吗？

我知道，是用尼龙搭扣。

空间站中的生活

对于宇航员来说，空间站中的生活一定是毕生难忘的。宇航员吃饭时，一定要把身体固定在座椅上，以免飘来飘去；吃饭时，他们不能说话，以免饭菜从嘴里飞走。在失重的环境里，宇航员无论躺着，坐着，站着，还是趴着，都可以进入睡眠状态，那种感觉非常奇特。

世界上第一个太空站

1971年4月19日，苏联发射了世界上第一个太空站——"礼炮"1号，标志着载人太空飞行进入一个新的阶段。它由轨道舱、服务舱和对接舱组成，呈不规则的圆柱形，总长约12.5米，直径达4米，重约18500千克。"礼炮"1号上可以容纳6名宇航员。1971年10月11日，"礼炮"1号完成使命，在太平洋上空坠毁。

天空实验室

　　1973年5月14日，美国国家航空航天局成功发射了天空实验室。它是一个长期投入使用的太空空间站，全长36米，直径达6.7米，重约77500千克。天空实验室由轨道舱、气闸舱和对接舱组成。天空实验室飞行期间，宇航员在这里完成了270多项科学试验，包括生物医学、空间物理、天文观测、资源勘探、工艺技术等各个领域。

"人造天空"——"和平"号空间站

　　"和平"号空间站是苏联宇航局研制的第三代空间站，被称为"人造天空"。它采用积木式构造，由多舱段空间交会对接后组成。"和平"号空间站总长32.9米，直径达42米，总重12.3万千克，由球形转移舱、增压工作舱组成。

　　"和平"号空间站在太空辛勤服务了15年，先后接待了来自12个国家的100多名宇航员。在这个太空基地上，宇航员们进行了2万多项科学实验，生产出了高纯度的半导体材料，还培育出优质高产的太空种子，种出了太空胡萝卜和太空莴苣笋等植物，并获得了大面积丰收。

"国际空间站"计划

　　1984年，美国总统里根提出了"国际空间站"计划。该空间站原计划于2004年建成，美国航空航天局与日本、加拿大、巴西、俄罗斯等国家共同研制，有16个国家参与建造。现在，空间站的组成部分已经陆续发射成功。空间站有2个足球场那么大。科学家计划在国际空间站进行各种实验。空间站的各个组件大多由美国国家航空航天局的航天飞机进行运输，由于各个组件大多在地面就已经完成建设任务，宇航员在太空只需要进行很少的操作便可以将组件连接到空间站主体上。

　　2011年12月，当最后一个组件发射上天后，国际空间站的组装工作已全部完成。根据其当初的设计，国际空间站共可以供7名宇航员同时工作和生活。组装成功后的国际空间站将作为科学研究和开发太空资源的手段，为人类提供一个长期在太空轨道上进行对地观测和天文观测的机会。

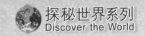
向太空出发的勇士们
——宇航员

神秘的太空变幻莫测,宇航员在太空中该怎么生存呢?

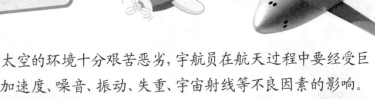

太空的环境十分艰苦恶劣,宇航员在航天过程中要经受巨大的加速度、噪音、振动、失重、宇宙射线等不良因素的影响。他们是怎样在太空中生存呢? 看起来这可真是一件难事。

神奇的宇航服

太空中几乎没有可以供我们呼吸的氧气,也没有能使我们身体里的血液维持液态的气压。此外,太空中还有无法阻挡的宇宙射线及各种辐射。这样一来,直接暴露在太空中的宇航员是很危险的。

为了保护宇航员,科学家制造了神奇的宇航服。宇航服内不仅温度、压力适宜,还具有氧气制造设备,并且还能处理宇航员呼吸时所释放出的二氧化碳。

你知道宇航员的服装是什么颜色的吗? 为什么?

越来越丰富的太空食物

太空中没有蔬菜，也没有水果，更没有各种肉类，即使把这些食物带到太空中，也没法烹饪。那宇航员到了太空后吃什么呢？科学家发明了一种专供宇航员在太空吃的食物，叫做太空食品。这是一种已经加工好的食物，通常会制成块状或糊状，比如把牛肉酱、苹果酱、菜泥等压制到铅制的小管内。吃这些食物的时候，就像挤牙膏一样，将食物挤到嘴里。

目前，宇航员的食物越来越丰富，已经从最初的十几种发展到了1000多种。早期的牙膏状的食物比较乏味，现在宇航员在太空中能吃到土豆烧牛肉、奶油面包、饼干、巧克力、果汁等。

小狗莱卡——来自地球的第一个太空旅客

第一个进入太空的生物并不是人，而是一只名叫莱卡的小狗。

1957年11月3日，苏联成功发射了"斯普特尼克"2号人造卫星。在这颗人造卫星上，搭乘了一位特殊的客人——小狗莱卡。科学家们把莱卡安置在专门为它设计的加压密封舱内，他们在莱卡的身体表面和皮下安装了感应器，用来监测它的呼吸和心跳。

遗憾的是，莱卡并没有完好无损地回到地球上。虽然如此，但这证明了必须要有适宜的温度和湿度以及维持呼吸的空气，生命才得以生存。

太空中的太阳辐射很强烈，为了反射强光，宇航员们都穿着白色的服装。

143

太空马桶——使大小便不成难题

　　虽然宇宙空间站里有卫生间，但宇航员的身体在太空中会飘起来，这样一来，要大小便该怎么办？所以宇航员要事先练习在"太空马桶"上固定自己的双腿。

　　宇航员走出空间站后，也可以大小便。因为宇航服里有类似尿布的内衣，可以在行走的过程中直接大小便。

在太空中也可以洗澡

　　太空中可没有重力，水不会往下流。那宇航员该怎样在太空中洗澡呢？宇航员在太空中洗澡和洗脸，都是不需要用水的，只是用湿毛巾擦一下而已。宇航员用的洗发水是免洗的，洗完头发只要直接用毛巾擦掉洗发水就可以了。刷牙的时候必须特别小心，不能让牙膏的泡沫冒出嘴巴。刷完牙后不是用水漱口，而是直接把泡沫吞掉。不用担心，那些都是可以吃的牙膏。

在太空中睡觉真不简单

　　在太空中睡觉，远不如在地球上那么舒服。以国际空间站为例，国际空间站绕地球运转的周期是92分钟，所以国际空间站上的宇航员一天可以看到约15次日出。此外，宇宙空间站会不断地发出声音，所以宇航员很难入睡。

　　宇航员睡觉时要进入挂在墙上的睡袋，把睡袋上的拉链从底部拉上来，只露出头部，然后用绑带把头和腿固定住，用眼罩把眼睛蒙上，这样才能安然入睡。

第一名冲向太空的勇士

　　第一颗人造地球卫星打开了登天的大门之后，人类迅速地向太空挺进。1961年4月12日，苏联宇航员尤里·加加林乘坐宇宙飞船"东方"号进入太空。"东方"号宇宙飞船环绕地球一周后平安归来。尤里·加加林成为第一个冲向太空的勇士。

中国第一个冲向太空的英雄——杨利伟

　　2003年10月15日北京时间9时，杨利伟乘坐由"长征"二号F火箭运载的"神舟"五号宇宙飞船首次进入太空，执行中国首次载人航天任务，是中国第一位进入太空的勇士。虽然在飞船冲出大气层的过程中，他感觉到身体的极度不适，但他用平时训练的方法，凭着顽强的意志，强迫自己在意识上去对抗和战胜这种错觉，很快就调整过来，恢复了正常。

　　当"神舟"五号宇宙飞船绕着地球以90分钟一圈高速飞行时，杨利伟拿起摄像机，把周围壮观的景色拍摄下来。他不由得从心里升腾起从未有过的强烈自豪感，为中国人飞上太空感到骄傲。他郑重地在飞行手册上写下："为了人类的和平与进步，中国人来到太空了！"当飞船飞行到第七圈时，他又在太空展示了中国国旗和联合国旗帜，表达了中国人民和平利用太空，造福全人类的美好愿望。

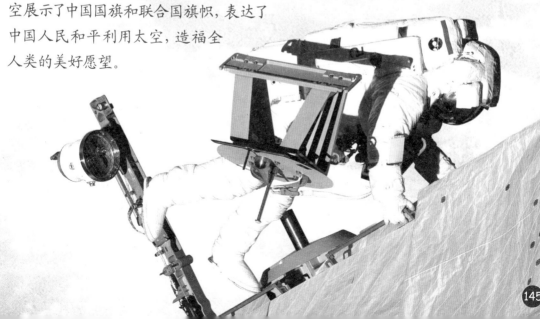

神秘的不明飞行物
——UFO

你见到过类似飞碟的神秘飞行物吗？那它究竟是什么呢？

不明飞行物以充满神秘的方式存在，数以千万计的地球人声称看见过不明飞行物。不明飞行物真的存在吗？还是这是来自人类对神秘宇宙的崇拜？

神秘的不明飞行物

UFO全称为"不明飞行物"，也称为飞碟，是指不明来历、不明空间、不明结构、不明性质，但又飘浮、飞行在空中的物体。

你知道每年UFO目击事件最多的国家是哪个吗？

罗斯威尔飞碟坠毁事件

1947年6月24日，美国人肯尼士·阿诺德驾驶着私人飞机，当他飞过华盛顿州雷尼尔山上空时，突然发现9个白色碟状的不明飞行物体。

1947年7月8日，美国新墨西哥州罗斯威尔的《每日新闻报》登出一条耸人听闻的消息"空军在罗斯威尔发现坠落的飞碟"。这条新闻马上被《纽约时报》等各大报刊转载，被无线电波传遍世界。这条消息像一枚重磅炸弹，在美国民众中引起轩然大波。

同日，在距离金属碎片的布莱索农场西边5千米的荒地上，住在梭克罗的一位土木工程师葛拉第发现了一架金属碟形物的残骸，直径约9米，碟形物裂开，里面有4把座椅。每把座椅上都有一具用安全带束紧在座位上的死尸。这些尸体的体形非常瘦小，身长仅100～130厘米，体重只有18千克，无毛发、头大、眼大、嘴巴小，穿整件的紧身黑色制服。

于是，人们从四面八方奔向美国南部的新墨西哥州……

UFO存在吗

自罗斯威尔飞碟坠毁事件后，世界各地出现了数千起不明飞行物目击事件，并引起了科学界的争论。因为UFO不是一种可以再现的，或者至少不是经常发生的事物，没有检验的标准，迄今在世界上尚未形成一种绝对权威的看法。

持否定态度的科学家认为，很多目击报告不可信，不明飞行物并不存在，只不过是人的幻觉或者目击者对自然现象的一种曲解，可以用天文学、气象学、生物学、心理学、物理学和其他科学知识来加以说明。

认为UFO存在的学者认为，不明飞行物是一种真实现象，正在被越来越多的事实所证实。但许多UFO专家表示，他们并不肯定UFO就是外星船。他们认为不应该把相信UFO存在与相信它来自外星的理论混淆起来。当然，也有一部分UFO专家支持UFO来自外星球的说法。

墨西哥日全食期间出现了UFO

1991年7月11日，随着日全食的发生，墨西哥城渐渐陷入黑暗。日全食期间，人们在空中看见一个来回摆动的亮点，几十个人同时拍摄到了这个神秘的不明飞行物。

墨西哥城的目击者的确看到了这一奇异的景象，而且是不属于地球的景象。但并不意味着这就是外星人制造的飞碟。

UFO现象就是"精灵闪光"吗

雷雨天产生的闪电刺激了上空的电场，会促使它产生被称作"精灵闪光"的光亮。

研究人员已经在距离地面56至128千米的高空发现这种闪光，远远超过了闪电经常发生的距地面11至16千米的高空。虽然以前的研究称，闪光经常会迅速前行或者旋转飞奔，但是闪光也会以快速滚动的电球的形式出现。因此，科学家称，部分神秘的UFO现象可能跟令人费解的一种自然现象"精灵闪光"有关，这是一种由雷暴在大气高处引发的闪光。

科学需要好奇心

虽然目前没有办法解释UFO的现象，也没法肯定是否存在着这种神秘的不明飞行物，但是我们不能因为如此就轻易地否定UFO的存在。科学需要在好奇心的驱动下，不断探索和发现。

地球以外的智慧生物
——外星人

除了地球，其他星球上还有生物吗？

我们生活在美丽的地球上，这里有水，有空气，还有温暖的阳光。每天，我们都可以看到蓝蓝的天、绿绿的树、清清的水，还有各种各样的动物。偌大的太阳系，广袤的银河系，无穷尽的宇宙中，是否只有地球上才存在生物呢？

生物存活的条件

适合生物存活的环境必须是能使生物的形状和活动保持稳定，还能使生物摄取热能，排出代谢废物，并从外部补充新的物质。所以，那种冰冻或火热的极端恶劣的环境是不适合生物生存的。

生物存活还需要能溶解营养、释放能量的水和氧气等。假如能在月球或火星上建造一处可调节环境、储存氧气和食物的房子，生物可以暂且忍耐一段时间，但是必须穿着厚厚的宇宙服，既笨重又难受，否则将无法生存下去。

太阳系其他星球上可能有生物吗

众所周知，生物生存的三大要素就是阳光、空气和水。缺少任何一个要素，生物都很难生存下去。太阳系中，还有其他星球符合这些条件吗？

在太阳这个炽热的火球上，显然就不会有生物存在。人类登陆月球后发现，它的温度变化悬殊，空气稀薄又没有水，所以生物也难以在月球上生存。

那太阳系其他行星上的情况又是如何呢？

水星上没有水，也没有空气，因此不可能有生物。木星、土星、天王星和海王星上虽有空气，但其主要成分是氨和甲烷，缺少氧气，再加上它们都离太阳很远，温度很低，所以也很难有生物存在。金星由于被一层厚厚的大气掩盖住，目前只知道这层大气主要由二氧化碳构成，至于里面有些什么，会不会有其他条件适合生物生存，仍是个谜。

由此可见，在太阳系里，除地球外，其他行星都没有生物生存所必需的环境条件。因此，地球是太阳系里唯一存在生物的行星。至于太阳系之外，就不得而知了。

地球上生命的艰难诞生

原始地球上的氧、氮、氢、碳等元素在太阳的紫外线和雷暴的作用下，形成了原始大气和有机物。地球又正好处在距离太阳最适当的位置上，经过几十亿年的演化，地球上才诞生了生命。

生命受到环境的约束不断进化，然后经过数亿年的进化，具有智慧的生命——人类产生了。

宇宙里的其他星球上会有生物吗

生命诞生的基础是有机物，而有机物的生成需要氧、氮、氢、碳等元素。宇宙中拥有这些元素的行星，肯定不在少数。只要有合适的条件，这些元素就能结合为有机物，当这些有机物不断演化，才有可能诞生生命。

当然，这只是理论性的推测。宇宙中有无数的星球，我们也不能肯定地说除地球外其他星球就不存在生物了。

如果有一天你见到了外星人，你最想对他们说什么？

哇，这我得好好想一想。有了，我会对他们说："欢迎来到中国，地球欢迎你们！"

寻找地球以外的智慧生物

从前，人类以为自己是万物之灵，是宇宙间唯一有智慧的生命，甚至认为地球是整个宇宙的中心。

随着科学技术的进步和发展，人们的眼界开阔了，明白地球在宇宙中简直就像大海中的一滴水，实在是太小太小了。于是，人们会想：在这样广阔的宇宙里，或许在其他星球上会生活着一种与人类相似的智慧生物——外星人。这样的想法深深地吸引了一些热衷于寻找外星人的人们。

作为探索宇宙奥秘的工作的一个部分，科学家们也在积极地探索地球以外的生命，积极地搜寻有没有外星人的信息。这样的科学探索过程早在20世纪50年代就开始了。

脑力大激荡

1. 计算天体之间的距离时，人们一般采用的单位是 （ ）
   A.时　　B.分　　C.秒　　D.光年

2. 万有引力定律的发现者是 （ ）
   A.牛顿　B.伽利略　C.爱因斯坦　D.达尔文

3. 银河系的半径大约为 （ ）
   A.75000光年　　　　B.30000光年
   C.32000光年　　　　D.72000光年

4. 外形细长如触角状的星系属于 （ ）
   A.不规则星系　　　B.椭圆星系
   C.触角星系　　　　D.漩涡星系

5. 第一个发现星云的人是 （ ）
   A.比维斯　　　　　B.伽利略
   C.爱因斯坦　　　　D.尤里·加加林

6. 下列亮度等级中，最明亮的是 （ ）
   A.二等星　　　　　B.六等星
   C.五等星　　　　　D.一等星

7. 人类发现的第一个黑洞在 （ ）
   A.猎户座　　　　　B.大熊座
   C.狮子座　　　　　D.天鹅座

8. 太阳与地球的距离大约为 （ ）
   A.2亿千米　　　　B.1亿千米
   C.1.5亿千米　　　D.4亿千米

9. 太阳的大气是指 （ ）
   A.光球层　　　　　B.色球层
   C.日冕层　　　　　D.以上选项都是

10. 日全食的过程中，第一阶段是 （ ）
    A.食既　B.生光　C.初亏　D.食甚

11. 八大行星中，最靠近太阳的行星是 （ ）
    A.水星　　B.火星　　C.金星　　D.地球

12. 水星上的一天，相当于地球上的 （ ）
    A.59天　B.176天　C.3天　D.1天

13. 金星的平均温度为 （ ）
    A.560℃　　　　　B.360℃
    C.760℃　　　　　D.460℃

14. 人类探测火星，始于 （ ）
    A.1965年　　　　B.1963年
    C.1962年　　　　D.1964年

15. 下列不属于木星的特征的是 （ ）
    A.拥有数量众多的卫星
    B.表面有神秘的大红斑
    C.表面有赤铁矿
    D.具有光环

16. 太阳系中唯一一颗密度小于水的行星是 （ ）
    A.木星　　B.土星　　C.天王星　　D.水星

17. 2006年8月24日后，冥王星降级为 （ ）
    A.星云　　　　　B.星系
    C.卫星　　　　　D.矮行星

18. 地球的年龄大约为 （ ）
    A.46亿岁　　　　B.86亿岁
    C.36亿岁　　　　D.38亿岁

19. 人类第一次登陆月球的宇宙飞船，名叫 （ ）
    A.阿波罗5号　　　B.阿波罗7号
    C.阿波罗9号　　　D.阿波罗11号

20. "人有悲欢离合,月有阴晴圆缺"这句名句出自 （　）
A.白居易　　　　　B.陆游
C.苏轼　　　　　　D.李白

21. 流星进入大气层的速度大约为 （　）
A.100千米/秒　　　B.350千米/秒
C.30千米/秒　　　　D.20米/秒

22. 哈雷彗星的公转周期大约为 （　）
A.67年　　B.76年　　C.87年　　D.78年

23. 1923年,天文学家发现了第1000颗小行星。这颗小行星的名字为
A.高斯星　　　　　B.克里欧佩特
C.皮亚齐亚　　　　D.阿尔伯特

24. 与参宿四、南河三组成"冬季大三角"的恒星是 （　）
A.北极星　　　　　B.牛郎星
C.织女星　　　　　D.天狼星

25. 国际天文联盟把整个天空分为（　）
A.85个星座　　　　B.87个星座
C.90个星座　　　　D.88个星座

26. 牛郎星和织女的距离是 （　）
A.20光年　　　　　B.10光年
C.16光年　　　　　D.70光年

27. 全天最亮的恒星是 （　）
A.太阳　　B.北极星　　C.天狼星　　D.牛郎星

28. 小熊星座的尾巴尖上,看上去从来不移动的一颗星是 （　）
A.大角星　　　　　B.天权星
C.天狼星　　　　　D.北极星

29. 人们能看到牧夫座和猎犬座的季节是 （　）
A.春季　　B.夏季　　C.秋季　　D.冬季

30. 狮子座的主星是 （　）
A.织女星　　　　　B.天狼星
C.轩辕十四　　　　D.大角星

31. 我国发送的第一颗人造卫星是 （　）
A."东方红"一号　　B."天宫"一号
C."萤火"一号　　　D."天琴"一号

32. 目前单级火箭的速度是 （　）
A.7.9千米/秒　　　B.4.5千米/秒
C.11.2千米/秒　　　D.3千米/秒

33. 中国第一艘宇宙飞船是 （　）
A."飞鹰"一号　　　B."飞腾"一号
C."神舟"一号　　　D."天琴"一号

34. 宇航员的服装一般为 （　）
A.黑色　　B.白色　　C.紫色　　D. 银色

35. 1984年,提出"国际空间站"计划的美国总统是 （　）
A.布什　　B.奥巴马　　C.里根　　D.克林顿

36. 第一个进入太空的生物是 （　）
A.小狗　　　　　　B.小猪
C.小猫　　　　　　D.植物种子

37. 中国第一个冲向太空的英雄是 （　）
A.杨利伟　　　　　B.费俊龙
C.聂海胜　　　　　D.翟志刚

38. 每年UFO目击事件最多的国家是（　）
A.美国　　B.英国　　C.俄罗斯　　D.法国

答案：1.D 2.A 3.D 4.C 5.A 6.D 7.D 8.C 9.D 10.C 11.A 12.B 13.D 14.A 15.C 16.B 17.D 18.A 19.D 20.C 21.C 22.B 23.C 24.D 25.D 26.C 27.C 28.D 29.A 30.C 31.A 32.B 33.C 34.B 35.C 36.A 37.A 38.B

图书在版编目（CIP）数据

梦幻宇宙之谜/李瑞宏主编.——杭州：浙江教育
出版社，2017.4（2019.4重印）
（探秘世界系列）
ISBN 978-7-5536-5687-8

Ⅰ.①梦… Ⅱ.①李… Ⅲ.①宇宙—少儿读物 Ⅳ.
①P159-49

中国版本图书馆CIP数据核字（2017）第063855号

探秘世界系列

梦幻宇宙之谜
MENGHUAN YUZHOU ZHI MI

李瑞宏 主编　郭寄良 副主编
高 凡 陆 源 编著 米家文化 绘

出版发行	**浙江教育出版社**
	（杭州市天目山路40号　邮编：310013）
策划编辑 张 帆	**责任编辑** 谢 园
文字编辑 叶 笛	**美术编辑** 曾国兴
封面设计 韩吟秋	**责任校对** 雷 坚
责任印务 刘 建	**图文制作** 米家文化
印　刷	北京博海升彩色印刷有限公司
开　本	787mm×1092mm 1/16
印　张	10.25
字　数	205000
版　次	2017年4月第1版
印　次	2019年4月第2次印刷
标准书号	ISBN 978-7-5536-5687-8
定　价	38.00元